塔里木大学"十四五"规划特色教材

动物学实验实习指导

王智超　李艳慧　任道全　主编

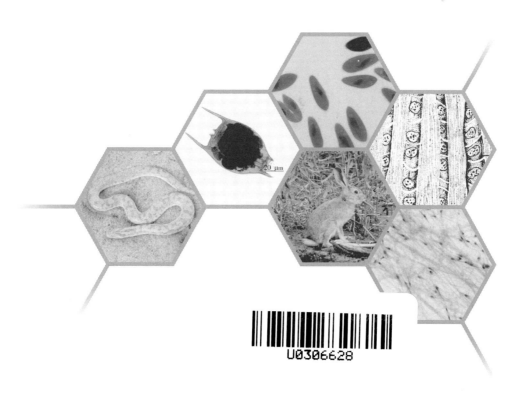

中国农业科学技术出版社

图书在版编目（CIP）数据

动物学实验实习指导／王智超，李艳慧，任道全主编 . --北京：中国农业科学技术出版社，2023.7

ISBN 978-7-5116-6282-8

Ⅰ.①动…　Ⅱ.①王…②李…③任…　Ⅲ.①动物学-实验-教材　Ⅳ.①Q95-33

中国国家版本馆 CIP 数据核字（2023）第 089454 号

责任编辑	张国锋
责任校对	马广洋
责任印制	姜义伟　王思文

出 版 者	中国农业科学技术出版社
	北京市中关村南大街 12 号　　邮编：100081
电　　话	（010）82106625（编辑室）　　（010）82109702（发行部）
	（010）82109709（读者服务部）
网　　址	https：//castp. caas. cn
经 销 者	各地新华书店
印 刷 者	北京富泰印刷有限责任公司
开　　本	170 mm×240 mm　1/16
印　　张	9.5　彩插　8 面
字　　数	200 千字
版　　次	2023 年 7 月第 1 版　2023 年 7 月第 1 次印刷
定　　价	38.00 元

前　言

　　本教材是在教学技术和形式信息化变革的时代背景下，根据高校动物学教学大纲和对人才素质教育的基本要求，在多年采用的自编教材《动物学实验实习指导》的基础上，调整、修改和新增了部分内容后编绘而成。其知识体系符合现行农林院校各专业使用的动物学教学要求，编写时力求内容精练、难度适中，注重理论联系实际以及体现学科的先进性。除供生物类和动物生产类专业课程教学使用外，也可为学生开展相关创新性科学研究和参与学科竞赛等提供参考。

　　本书内容分为3部分：第一部分为动物学实验部分，主要为基础性和验证性实验，每个实验项目附有插图，以便帮助学生观察检验，强化学生对基本理论的理解和掌握，培养学生基本的实验操作技能，由李艳慧和任道全编写；第二部分是塔里木盆地动物学野外实习，包括水生动物和陆生动物的识别和探究，并设置了4个研究型实习案例的实施，提升学生科研思维和创新意识，由王智超编写；第三部分是动物标本制作，介绍了剥制标本和骨骼标本的制作技术，由程勇和刘朋涛编写。最后由王智超统一审阅定稿。本书力求做到图文并茂，体现知识体系的科学性、先进性和实用性。

　　本书的编写和出版得到了塔里木大学国家一流本科专业建设点生物技术（YLZYGJ202001）、省一流本科专业建设点应用生物科学和塔里木大学校一流课程《动物学》（TDYLKC202306）的资助，在此表示感谢。研究生史楠楠、夏可心、刘昌财等参与了部分内容的搜集和整理，在此表示感谢。编写过程中借鉴和参考了多位同行的有关书籍、文献及相关教学平台和国家科技资源库平台相关照片和绘图，在此谨向参阅资料的有关作者致以诚挚的谢意！

　　由于编者学识水平有限，书中难免存在疏漏或不妥之处，恳请广大读者批评指正（wzcdky@ 126. com）。

编　者

2023 年 4 月

目　　录

第一篇　动物学实验

第二篇　塔里木盆地动物学野外实习

第三篇　动物标本制作

第一篇　动物学实验

实验一　动物学实验须知

一、动物学实验的目的

1. 使学生学会并掌握必要的动物学实验课程要求的基本技能，培养学生的动手能力。

2. 通过动物学实验的动手操作和观察，达到检验、巩固和加深基础理论的理解和记忆。

3. 通过团队实验操作及后续经验总结，培养学生团队合作意识及严谨求实的工作态度，提高学生综合分析和判断的能力。

二、动物学实验教学要求

1. 对教师要求

（1）备课充分，讲课熟练，情绪饱满热情，能调动学生学习兴趣，课堂气氛活跃。

（2）具有良好的教育教学技能，精通教学内容，讲解简练准确，思路清晰，重点突出。

（3）加强课堂管理，能启发学生独立思考，注重学生动手能力及综合分析能力培养。

2. 对学生要求

（1）课前准备：课前预习，熟悉实验内容，了解基本操作过程，准备好个人物品［笔记本一册或其他纸张（作为实验观察记录用）；绘图工具：HB 或 2H 或 3H 绘图铅笔一支、橡皮、尺子等；教材等］。

（2）授课环节：认真听讲，了解实验基本操作流程及实验过程中注意事项。

（3）独立实验：在教师指导下，团队协作或独自完成实验操作，认真观察实验现象并如实记录实验数据，对实验过程中出现的问题及时反思。

（4）遵守实验室各项规章制度。

三、实验室提供给学生的物品和用具

1. 实验器具：生物显微镜（光学显微镜）、解剖器械、载玻片、盖玻片、牙签等实验过程中所需的所有器具。

2. 实验材料：永久性装片、实验动物、浸制标本、塑化标本、剥制标本、骨骼标本等。

3. 实验药品：碘液、福尔马林溶液等。

四、实验室规章制度

1. 实验员提前打开实验室，检查水电等设备是否可以正常使用，并准备好当天实验课中所需的实验物品。

2. 实验当天，学生须按规定时间提前 5 分钟进入实验室进行必要的课前准备。

3. 实验室内保持安静，不得高声喧哗，禁止在实验室内追逐打闹、玩弄实验器材和材料等。

4. 实验过程中勤动手、勤动脑，认真听讲，严格按照操作规章和正规操作流程完成实验。

5. 规范使用实验仪器、器械、药品，公用试剂、仪器禁止占为己用，实验台面只允许放置实验指导书、实验器材、试剂等，个人物品放置于指定位置，禁止随意放置在实验桌面。

6. 爱护实验器材，使用后及时整理放回原处。实验仪器或器械损坏应及时主动向指导老师报告，并进行登记，视情况予以批评教育或照价赔偿，情况严重者加倍惩罚或报请有关领导处理。

7. 实验完毕，学生在离开实验室前，应清理好自己的实验台，清洗解剖器械，把用过的物品及器械归放原处，每次实验完毕，实验小组轮流值日。

8. 实验室内的物品未经许可，一律不准带出实验室，否则出现事故自己负责，并视情节严重程度给予不同处分。

9. 学生须在指导老师指定的时间内完成实验报告，绘图务求精细准确，独立思考，实事求是，并要求独立完成。

五、学生如何进行实验

1. 实验前须预习该次实验，明确实验目的、要求、实验内容和操作方法步骤，准备好实验中所需的个人物品。

2. 上课中应认真聆听指导老师的讲解和提示，熟悉实验过程，了解实验中的注意事项。

3. 严格按实验指导老师或实验指导书所列操作顺序进行实验，避免由于操作流程不正确而导致实验失败。

4. 仔细观察实验现象，认真记录，反复比较和思考，依照所记录内容，实验结束后总结经验。分析实验失误的原因。

5. 试验结束后，实验仪器擦拭干净放回原处，实验器械清洗干净清点无误后交由班委统一暂存，待全班收取完毕统一交给实验员老师保存。

六、绘图要求

动物学实验课程中，绘图是一项很重要的工作，每个学生都须认真对待，具体要求如下。

1. 绘生物图以精确、正确为主，不能异想天开，只能以实验结果为依据，科学和艺术相结合，因此要求学生在实验过程中首先要仔细认真观察标本，观察不到的或不清晰的可以参考课本的某些图示和文字说明，但是不能照抄课本的图示和说明。

2. 绘图前应先用铅笔把标本的基础轮廓及主要的结构部位轻轻地绘出草图，如所绘标本是两侧对称，则先画条直线经过图正中，这样就容易把两部分的画面对称，使图示美观、大方。

3. 所绘图的大小应适宜，一般的，较大的图每页绘一个，小图可以在一张纸上绘几个，但都应在纸上适当安排，既不能拥挤，也不能"顶天立地"，放大或缩小的比例要适当，要注意预留注释的空白处。

4. 绘图时，绘图、标注等全部用铅笔绘和写，不准使用钢笔和圆珠笔。

5. 先把所绘标本放在适当的位置，只在绘图纸的一面绘图，绘图铅笔应保持尖锐，纸面力求整洁，把主要的特点画出来，以便展现出图中要求表示的各个部位，并事先测量或估计一下标本的大小，按比例相应地扩大或缩小，然后用铅笔先轻轻地描在绘图纸上。

6. 根据实物在草图上添绘各部分详细结构，注意轻重适宜，不要去重描。最后据实际情况用不同方法巧加衬阴。一般主要是用大小不同、密度不同的点表示，但点不能带出尾巴来。

7. 注明被绘物体各部分的名称。注明时要用平行直线引出到右边，并用楷体排列整齐地书写。在图的正下方用铅笔写出所绘图的名称。

七、动物学实验中常见的手术器械及正确使用方法

动物学实验中常用手术器械（图1）。

1. 解剖刀：通常也称为手术刀，是在外科手术中常用的手术器械，用于切开肌肉、皮肤及切割组织等，解剖刀常用的握持方法一般有四种方法（图2）。

（1）执弓式：以食指按压刀背1/3处，其余手指固定刀柄后半部分，该方法较为灵活，使用范围广。

（2）执笔式：像握笔一样把解剖刀握持住，常用三个手指，该方法常用于正面的切割，如打开动物组织、切割动物创口、切割动物外露的组织等。

（3）握持式：用五个手指握住解剖刀，刀口向下，该法常用于打开较长的

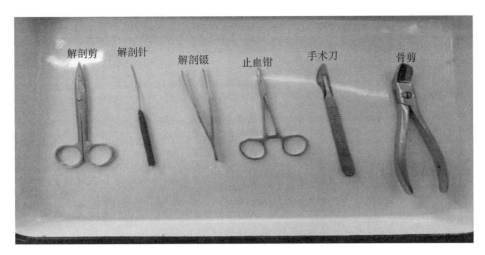

图1 动物学实验常用解剖器械

开口或切割较大范围的组织等。

（4）反挑式：用五个手指握住解剖刀，刀口向上，该法常用于打开动物腹腔、打开动物肠腔等。

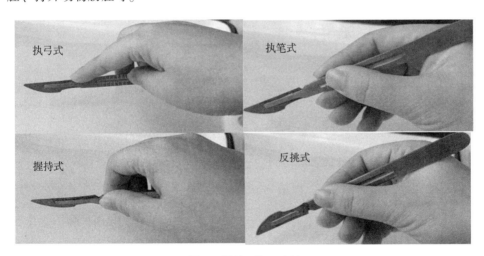

图2 解剖刀执刀方法

2. 解剖镊：通常也称为镊子，用于消毒及夹持组织、分离组织等，是在外科手术中常用的另一种手术器械，其用法如下（图3）。

（1）顺握法：用手中除小指以外的其余手指握持，使镊子的尖端向下，常用于取用器械或提取组织。

（2）反握法：用手指的五个手指握持，使镊子的开口端向上，常用于取用器械或缝补开口中穿针引线。

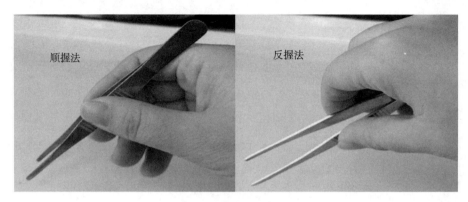

图3　解剖镊执握方法

3. 手术剪：主要用于剪断皮肤或肌肉等粗软组织的一种器械，也可用来分离组织，即利用剪刀的尖端插入组织间隙，分离无大血管的结缔组织等。根据其结构特点有尖、钝，直、弯，长、短各型。

执剪姿势是拇指和无名指分别穿入剪刀柄的两环，中指放在无名指的剪刀柄上，食指压在轴节处起稳定和导向作用（图4）。

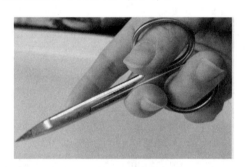

图4　手术剪执握方法

4. 止血钳：常用直尖和弯尖两种，在外科手术中常用于取用器械、提取组织、止血以及用于擦血、消毒等，是外科手术操作规程中必不可少的用具。其用法基本同于解剖镊。

5. 昆虫解剖针：常用于解剖低等动物，由于低等动物的体积一般较小，常采用解剖镊和昆虫解剖针相结合的方法。昆虫解剖针的握持方法与解剖镊的相似。

6. 骨剪：又可称为咬骨剪，用于剪断较硬的骨组织，用法同手术剪。

实验二 显微镜的结构、使用和保护及动物细胞和组织

一、实验目的

1. 了解显微镜的结构和功能，掌握正确使用和保护显微镜的方法。
2. 掌握动物 4 种基本组织的结构特点，了解动物四大基本组织的主要功能。
3. 掌握临时装片的制作方法。

二、实验内容

1. 观察显微镜的各部分结构和位置，了解其基本功能，学会正确使用和保护显微镜的方法。
2. 观察动物体四大基本组织永久切片，了解基本组织的结构及功能。
3. 学习人体口腔上皮细胞制作方法并观察人体口腔上皮细胞的结构。

三、材料与用具

1. 材料：动物组织永久切片。
2. 器具：显微镜、载玻片、盖玻片、牙签、吸水纸、拭镜纸。
3. 试剂：生理盐水、碘液（或其他染液）。

四、操作与观察

（一）普通显微镜的结构

显微镜根据镜筒数量分为单筒式和双筒式显微镜，现本科实验室多以双筒式显微镜为主，其基本构造包括机械部分、光学部分和照明部分三部分（图 1）。

1. 机械部分：主要用于支持、连接显微镜各部分及放置调节标本。

镜座：显微镜的底座，用于支撑整个镜体。

镜柱：连接镜座和镜体。

镜臂：取放显微镜时抓握的地方。

镜筒：连接目镜和转换器。

物镜转换器（旋转器）：连接物镜，用于切换放大倍数，注意切换放大倍数时转动转换器，不可掰动物镜，以防损坏物镜。

镜台（载物台）：用于放置载玻片，中央有一通光孔，显微镜其镜台上装有

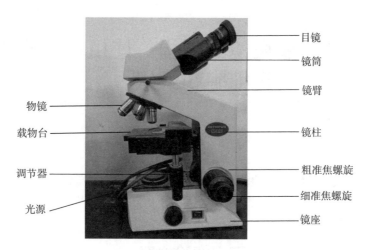

目镜

镜筒

镜臂

镜柱

物镜

载物台

粗准焦螺旋

调节器

细准焦螺旋

光源

镜座

图 1 双筒式显微镜结构示意图

玻片标本推进器（推片器），推进器左侧有弹簧夹，用以夹持玻片标本，镜台下有推进器调节轮，可使玻片标本作左右、前后方向的移动。

调节器：是装在镜柱上的大小两种螺旋，调节时使镜台作上下方向的移动。

粗调节器（粗准焦螺旋）：大螺旋称粗调节器，移动时可使镜台作快速和较大幅度的升降，所以能迅速调节物镜和标本之间的距离使物像呈现于视野中。通常在使用低倍镜时，先用粗调节器迅速找到物像，在调节过程中注意观察载玻片与物镜之间距离，防止压碎载玻片。

细调节器（细准焦螺旋）：小螺旋称细调节器，移动时可使镜台缓慢地升降，多在运用高倍镜时使用，从而得到更清晰的物像，并借以观察标本的不同层次和不同深度的结构。

2. 光学部分：主要用于放大标本倍数，便于观察。

目镜：通常备有 2~3 个，上面刻有 5×、10×或 15×符号以表示其放大倍数，一般装的是 10×的目镜。

物镜：一般有 3~4 个物镜，其中最短的刻 "10×" 符号的为低倍镜，较长的刻有 "40×" 符号的为高倍镜，最长的刻有 "100×" 符号的为油镜。此外，在高倍镜和油镜上还常加有一圈不同颜色的线，以示区别。显微镜的放大倍数是物镜的放大倍数与目镜的放大倍数的乘积，如物镜为 10×、目镜为 10×，其放大倍数就为 $10×10 = 100$。

3. 光源部分：主要用于调节视野光线强弱。

光源：装在镜座上面，可通过转动旋钮调节视野明暗。

集光器（聚光器）：位于镜台下方的集光器架上，由聚光镜和光圈组成，其作用是把光线集中到所要观察的标本上。

光圈（虹彩光圈）：在聚光镜下方，由十几张金属薄片组成，其外侧伸出一柄，推动它可调节其开孔的大小，以调节光量。

（二）显微镜的使用方法

1. 取镜：右手握持镜臂，左手托着镜座，使镜身正立，然后轻轻放在试验台上。目镜要朝着观察者，放在略偏座位的左侧，距离桌缘一般为 5 cm 左右为宜。使用前检查显微镜各部分构件是否完整，如发现问题，立即向实验指导老师报告。

2. 对光：转动转换器，低倍镜对准通光孔，操作者在转动旋转器时，能听到咔嗒一声，说明物镜已对准通光孔。打开电源开关，调节集光器大小、虹彩光圈的大小，调节视野明暗达到舒适程度。

3. 上装片、调焦：取一张永久性装片或切片放于载物台上，并用夹片夹固定装片，调节推进器，使观察的物体对准通光孔，注视目镜，调节粗准焦螺旋，直到视野里出现模糊不清的物像，调细准焦螺旋，使观察的像变得清晰。

4. 转换高倍镜：一般来说，很多的生物在低倍镜下就已经很清晰，有时调节到高倍镜下反而看不清晰。如果物像在低倍镜下仍很细、小，观察不清楚，结构不明显，就必须调节至高倍镜下观察。

为了观察更细微的结构，必须转至高倍镜。先在低倍镜下观察清楚要观察的部分，调节推进器，将要观察的部位调节到视野正中央。转动转换器使物镜由低倍镜换成高倍镜，观察目镜，调节细准焦螺旋，直至使物像清晰，视野亮度会变暗，需要增加少量的亮度。如果一次不成功，须重新回到低倍镜下重新找需要观察的物体部分，重复操作上面已操作过的步骤。

油镜的使用：转换高倍镜后，移开高倍镜，在盖玻片上与物镜之间滴上香柏油作为媒介，将高倍镜镜头浸入香柏油，调节细准焦螺旋，直至出现清晰物像即可观察。

5. 换装片：试验中如果有多张装片或切片需要观察，一张装片或切片观察完后，须把高倍镜转到低倍镜下才能取出装片，不允许在高倍镜下直接去除装片或切片，易损坏装片或切片和物镜头。取出后，放回装片或切片盒，换上另外的装片或切片，再重新调粗焦，把所观察的物像调节至视野的中央，再转至高倍镜下，再调细焦、调节光亮度等，即重复操作2、3、4、5，仔细观察记录。

6. 整理：实验完成后，取下装片，旋转转换器，使两个物镜跨在透光孔的两侧，使载物台上升，让两物镜挨近载物台，可以防止物镜镜头的掉落和摔碎，以及镜头与集光器、载物台的摩擦，避免物损坏，将镜身用纸或干净的抹布拭净，不允许用湿布擦。把显微镜放回镜箱，按镜号放回原处。

（三）显微镜的保护

1. 显微镜属于精密贵重的仪器之一，应特别细心爱护，严格按照操作规则操作，切不可任意拆卸。遇到有机件失灵或阻滞、打滑等现象，不要强扭，应向指导老师提出，等候处理，由指导老师或专业技术人员修理。

2. 显微镜应经常保持清洁，严防潮湿，不允许把水滴、药剂及染液等接触显微镜的任何部分。这样易造成金属部分的生锈腐蚀。

3. 每次使用显微镜之前或之后，金属部分应用干的软布拭擦灰尘（不准用湿布），透镜应用擦镜纸擦拭（内部透镜不要去经常擦），切忌用手指、手帕等擦镜头，否则会污染和磨损镜头。

（四）操作练习步骤

1. 动物体 4 种基本组织观察

组成动物体的 4 种基本组织分别为：上皮组织、肌肉组织、神经组织和结缔组织，各组织在不同动物体内分布及功能有差异。取不同组织永久切片，按上述显微镜的正确操作方法和步骤进行反复练习，并根据目镜的放大倍数计算该标本的放大倍数。由于显微镜中所成的像是倒立的实像，因此在移动装片或切片时，装片或切片移动的方向总是与物像移动的方向相反。

（1）上皮组织：其特点是细胞间质少，细胞排列紧密，细胞界限明显，具有保护、分泌、排泄、呼吸和吸收等功能。按其结构特点可分为单层扁平上皮、柱状细胞上皮、假复层上皮、复层扁平（鳞状）上皮。

① 单层扁平上皮：是单层扁平细胞排列成一层，附在薄的基膜上。从表面观察，其大多数细胞为多边形，边缘有锯齿状波纹，细胞之间有少量的细胞间质。细胞核多呈扁圆形，位于细胞的中央部位（图 2）。这类上皮分布广泛，覆盖于心脏、血管和淋巴管腔内面的单层扁平上皮称内皮，内皮薄而表面光滑，有利于血液和淋巴的流动以及细胞内外物质的交换。

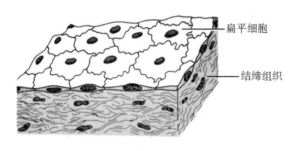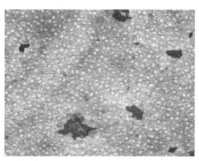

图 2　单层扁平上皮模式图（左）及实物图（右）

② 柱状细胞上皮：由一层棱形细胞组成，细胞核呈椭圆形位于细胞的基底部，相对的一端有很多纤毛（图 3）。它主要分布在肠、胃、子宫、输卵管的内腔面。其主要功能是吸收和分泌。

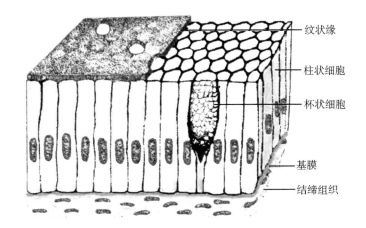

图3 柱状细胞上皮模式图（引自中国大学 MOOC）

③ 假复层上皮：这种细胞长短不同，细胞核的位置参差不齐，好像是多层，其实仔细观察发现，每个细胞的底部附着于基膜上（图4）。这也是区别复层上皮的主要特点，所以称为假复层上皮，它主要分布于呼吸道等处。

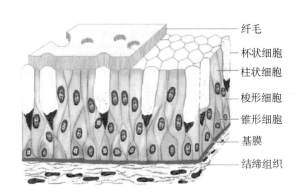

图4 假复层上皮模式图

④ 复层扁平（鳞状）上皮：该种上皮细胞层次较多，仅表层上皮细胞为扁平状，它总是不断角质化脱落；而位于最深层的基底细胞为柱状或立方形，位于中间的数层细胞为棱形或多角细胞，细胞具有棘状胞质小突（图5）。

（2）肌肉组织：由特殊的肌细胞（或肌纤维）组成。主要功能是产生各种运动，保持形态支持机体。根据肌肉组织形态和功能的特点，主要分为3种：骨骼肌、心肌和平滑肌。斜纹肌仅见于某些低等动物。

① 骨骼肌（也称横纹肌）：横纹肌的结构比较复杂，是随意肌，广泛分布于高等动物体的骨骼上。它的基本组成是肌纤维（肌细胞），每个肌纤维含有多个

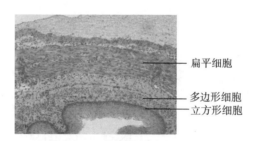

扁平细胞

多边形细胞
立方形细胞

图5 复层扁平（鳞状）上皮实物图

细胞核和许多明暗相间的横纹，细胞核为椭圆形，且多位于肌纤维的边缘，横纹肌排列规则（图6）。

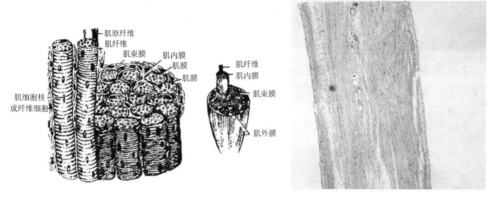

肌原纤维
肌纤维
肌束膜
肌内膜
肌膜

肌纤维
肌内膜

肌束膜

肌细胞核
成纤维细胞

肌外膜

图6 横纹肌结构示意图（左）及实物图（右）

　　② 心肌：它是由心肌纤维（心肌细胞）组成的。心肌也有横纹，它的横纹没有骨骼肌明显，一般不把心肌称为横纹肌，说横纹肌时是指骨骼肌。心肌是不随意肌。在显微镜下观察，心肌纤维为短圆柱状，有分枝，有单个的细胞核，为卵圆形，位于肌纤维中央（图7）。在心肌纤维相连处，着色较深的部位称为润

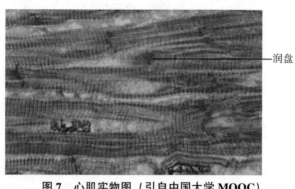

润盘

图7 心肌实物图（引自中国大学 MOOC）

盘，我们借此分辨出是两个肌纤维。

③平滑肌：平滑肌没有横纹，也属不随意肌，细胞呈两头稍尖的长形细胞，称为梭形。平滑肌的收缩有节律性。在显微镜下观察，平滑肌纤维一般为梭形，其中只有一个细胞核，为椭圆形或长杆形，位于细胞中部（图8）。

图8　平滑肌实物图（引自中国大学MOOC）

④斜纹肌：肌原纤维明、暗带不排在同一平面，而是错开排列呈斜纹，常见于线形动物、环节动物（蚯蚓）、软体动物（乌贼）等。

（3）结缔组织：结缔组织分布于全身各个器官，对动物具有营养功能、防卫、运输代谢产物、填充、连接、缓冲、支持等作用。其特点是细胞较少，细胞间质发达。一般把它分为疏松结缔组织、致密结缔组织、脂肪组织、网状结缔组织、软骨组织、骨组织和血液等。

①疏松结缔组织：又称为蜂窝组织，较柔软，具有弹性和韧性。仔细观察装片，它主要由细胞、纤维和基质组成，细胞间隙大（图9）。

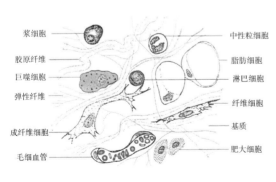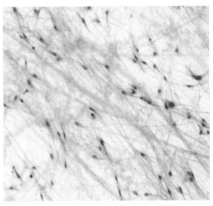

图9　疏松结缔组织结构示意图（左）及实物图（右）

② 致密结缔组织：其特点是细胞较少，纤维多，排列紧密（图 10）。它可分为规则致密结缔组织（如肌腱）和不规则致密结缔组织（如皮肤真皮、眼球的巩膜）。

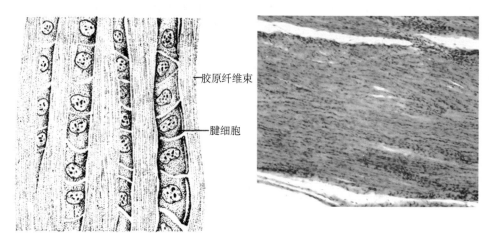

胶原纤维束

腱细胞

图 10　致密结缔组织结构示意图（左）及实物图（右）

③ 脂肪组织：指由大量群集的脂肪细胞构成，聚集成团的脂肪细胞由薄层疏松结缔组织分隔成小叶。脂肪细胞质内充满脂肪滴，胞质位于细胞边缘呈一薄层，核亦被挤到细胞的边缘，压成扁形（图 11）。

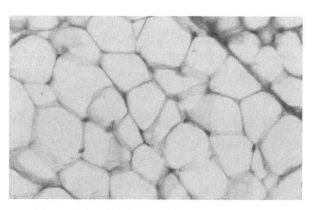

图 11　脂肪组织实物图（引自中国大学 MOOC）

④ 软骨组织：软骨由软骨组织及其周围的软骨膜构成，软骨组织由软骨细胞、基质及纤维构成（图 12）。根据软骨组织内所含纤维成分的不同，可将软骨分为透明软骨、弹性软骨和纤维软骨 3 种，其中以透明软骨的分布较广（如人体耳郭）。

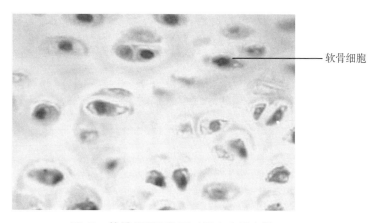

图 12　软骨组织实物图（引自中国大学 MOOC）

⑤ 骨组织：是一种坚硬的结缔组织，也是由细胞、纤维和基质构成的。纤维为骨胶纤维（和胶原纤维一样），基质含有大量的固体无机盐。与其他结缔组织基本相似，也由细胞、纤维和基质 3 种成分组成（图 13）。但骨的最大特点是细胞基质具有大量的钙盐沉积，成为很坚硬的组织，构成身体的骨骼系统。

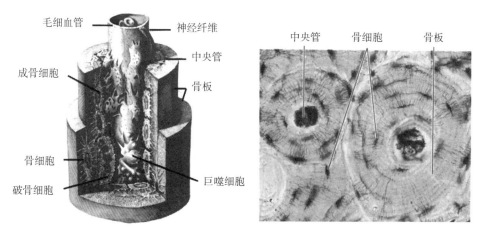

图 13　骨组织结构示意图及实物（引自中国大学 MOOC）

（4）神经组织：主要是由神经元（或神经细胞）和神经胶质（或神经胶质细胞）组成，它们都是有突起的细胞（图 14）。神经细胞是神经系统的结构和功能单位，亦称神经元。神经元数量庞大，它们具有接受刺激、传导冲动和整合信息的能力。有些神经元还有内分泌功能，具有感受刺激、产生冲动并传导冲动的功能。

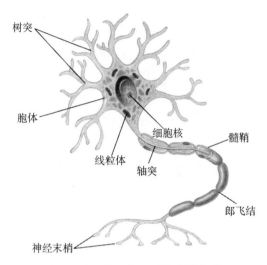

图 14 神经细胞结构示意（引自中国大学 MOOC）

取脊髓横切装片观察，用肉眼观察切片即可看出脊髓分为两部分，中央"H"形呈较暗的部分为灰质，外围较透明的为白质（图 15）。用低倍镜在"H"形腹角部位找到染色深、突起的神经细胞，最后再换高倍镜观察其形态。

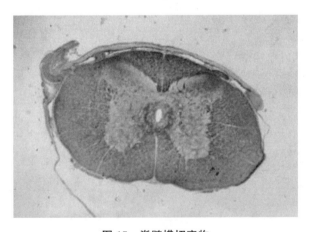

图 15 脊髓横切实物

2. 制作人体口腔上皮细胞临时装片并观察

（1）取一张洁净透明的载玻片，如果不洁净，应擦拭干净，用左手的拇指和食指或者中指夹持玻片的边缘，在离口较近时用口轻轻吹气到玻片上，右手用拇指和食指将滤纸或脱脂棉夹在玻片上，在载玻片上来回拭擦。擦盖玻片时只能是轻轻地捻动，而不能像擦载玻片那样用力。洗涤和擦拭盖玻片时都不能用力过大，而且要用力均匀，以免玻片损坏。

（2）擦好后置于实验台上的固定位置，滴一滴碘液在载玻片的正中央。

（3）用清水漱口（口腔中实物杂质较多，显微镜下会有杂质干扰，易与口腔上皮细胞混淆），然后用一干净的牙签，粗的一端在口腔狭部的内壁轻轻刮取少许黏膜上皮细胞（这部分细胞很易脱落，故不需要用太大的力量，更应避免出血，但也不能太轻而没有刮取到细胞）。

（4）在生理盐水中搅动几下，使细胞散落在碘液中，把能看到的用牙签捣散使细胞分布均匀。

（5）盖上盖玻片，进行镜检（注意盖盖玻片时尽量不要出现气泡，以免在观察时产生错觉）。第一次镜检后按正确的染色方法进行染色，再镜检。

新鲜的口腔黏膜上皮细胞经碘液染色为黄色，是扁平的多边形，如果单个细胞分开后因表面张力作用而呈卵圆形。因此，在显微镜下应把光线调节暗淡一些才看得清晰。调节推进器，选择视野中那些散布开来的单个细胞进行观察。在一般情况下，光学显微镜下看到一层纤细的薄膜（细胞膜）围成的一个闭合的卵圆形，它说明了细胞的存在，但看不到更细微的结构；细胞核则很明显，是由于细胞核浓度大，折光性强，它位于细胞的中央位置，是一个圆形的小体。细胞膜和细胞核之间就是细胞质。还可以发现比细胞核小的一些淡黄色颗粒，即是各种细胞器和内容物（图16）。

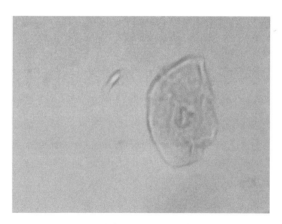

图16　人体口腔上皮细胞实物

五、作业

1. 使用显微镜时，为什么一定要先用低倍镜再用高倍镜？由低倍镜转高倍镜时要特别注意哪几点？

2. 写出显微镜各部分结构的名称。

3. 如何减少制临时装片的气泡？

4. 绘制人口腔上皮细胞并标注。

5. 多细胞动物的4类基本组织的结构特点和主要机能是什么？

6. 动物细胞的基本结构有哪些？

实验三　原生动物和腔肠动物（附多细胞动物的胚胎发育）

一、实验目的

1. 进一步练习使用显微镜，熟练操作显微镜。
2. 通过对草履虫、绿眼虫和变形虫的观察，了解原生动物的主要特征。
3. 通过对水螅的观察，了解双层多细胞动物的特征。
4. 通过对蛙胚发育切片和模型的观察，掌握多细胞胚胎发育的主要过程。

二、实验内容

1. 通过观察原生动物永久装片及培养液中的草履虫、绿眼虫、变形虫，了解 3 种原生动物的结构。
2. 观察水螅永久装片，了解腔肠动物主要特征。
3. 观察蛙早期胚胎发育的各个时期发育模型，了解多细胞动物胚胎发育各时期的特征。

三、材料与用具

1. 材料：草履虫、绿眼虫等原生动物永久装片、水螅永久装片。
2. 器具：显微镜、蛙胚胎发育模型、擦镜纸、载玻片、镊子、吸管、染色剂、棉纤维。
3. 试剂：水。

四、操作与观察

1. 制作原生动物临时装片：在载玻片中央加上少许棉纤维，缩小动物的活动范围和降低运动速度，方便操作者观察活体。用吸管吸一滴提前准备好的水样，滴于载玻片中央棉花纤维上，将盖玻片于 45°左右斜角缓慢盖上，避免出现气泡。

2. 绿眼虫的观察：是原生动物门鞭毛纲动物，身体呈纺锤形，前端较尖，后端较钝。观察绿眼虫临时装片见图 1。

在低倍镜下，可看到游动的绿眼虫，因有大量的叶绿体存在，视野中绿眼虫全身碧绿色，前端较尖，后端较钝；在高倍镜（40 倍物镜）下，可见绿眼虫体

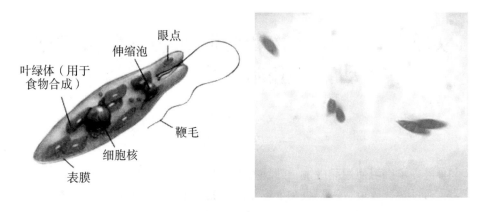

图1　绿眼虫模式图（左）及实物图（右）

表有斜向环纹，在虫体前方有一根鞭毛（为绿眼虫的运动器官），处在高速旋转中，不易看清，在鞭毛基部有一红色眼点，是绿眼虫的感光结构。在眼点的旁边是其排泄结构——伸缩泡，在鞭毛伸出处的凹陷是胞口，紧接胞口的细管是胞咽。

在环境良好的条件下，常看到两个绿眼虫并联在一起，这是绿眼虫正在行无性生殖的纵二分裂。如果条件不好，则形成孢囊行有性生殖，到条件适宜时，孢囊破裂产生4个新个体，绿眼虫开始新生活。

3. 草履虫的观察：是原生动物门纤毛纲的代表动物，形状如倒置鞋底样，观察草履虫临时装片。

在低倍镜下，可见运动中的草履虫，性状如倒置鞋底样，它的前端较圆而后端稍尖，体表密生长短一致、不断摆动的纤毛，须使视野中的光亮度暗一些，这样可见麦浪式的纤毛运动，分布均匀，使它在水中前进后退自由，非常灵活，在身体一侧有口沟。在永久装片中，可以看到草履虫细胞核分为大核、小核两种，大核呈肾球形，对动物的正常代谢有重要的作用，称为营养核；小核小一点，在大核凹处，它与动物的生殖有关，一般不易看见，故需仔细观察。还可看到草履虫体内大小不等的食物泡、伸缩泡（前后两个）和收集管及处于分裂中草履虫（图2、图3）。

4. 变形虫的观察：是原生动物门肉足纲的代表动物，一直处于变形运动中，观察变形虫临时装片。

变形虫无色透明，需在高倍镜下认真观察寻找，把虹彩光圈缩小，光线关暗一点，此时变形虫看起来略带淡蓝色。变形虫的细胞质分为二层，外层为无色透明不含颗粒的外质（溶胶质），里层较暗，含有很多颗粒物质和细胞器官（凝胶质），处在不断的变形运动中。在显微镜下可以看到内质的流动，并在运动方向

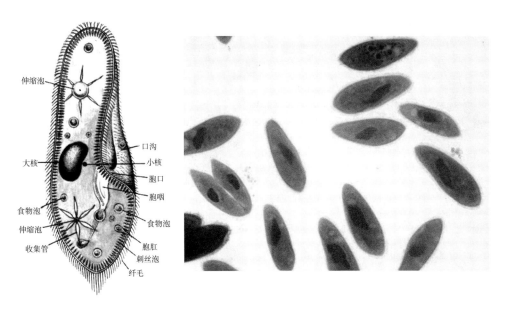

图 2　草履虫模式图（左）及实物图（右）

图中标注：伸缩泡、大核、食物泡、伸缩泡、收集管、口沟、小核、胞口、胞咽、食物泡、胞肛、刺丝泡、纤毛

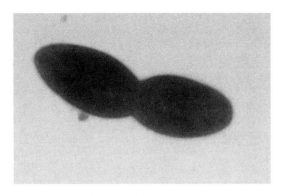

图 3　草履虫横二分裂实物

的前端形成临时细胞质突起——伪足，为变形虫运动器官。在变形虫体内可见有颜色颗粒，为变形虫吞噬的食物泡。在变形虫的中央，有一个比较光亮的圆球形结构，那是伸缩泡，有一个折光性较强的细胞核，不易观察到（图 4）。

5. 水螅的观察：是腔肠动物门常见的淡水代表动物，观察水螅永久装片。

取一张永久水螅装片，在低倍镜下观察，可见水螅呈长形，底部有一基盘为水螅的附着器官，在上端有环生 5～10 条触手，为口端，环生触手的中间锥状隆起为垂唇，垂唇的中央有一凹陷是口。触手是水螅的主要捕食器官。水螅体内比较透明的中空部分是它的肠腔，兼具有循环的功能，故称消化循环腔（图 5）。

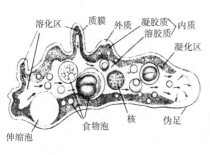
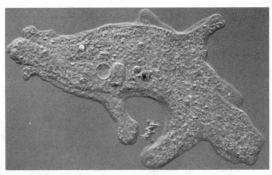

图4 变形虫模式图（左）及实物图（右）（引自中国大学MOOC）

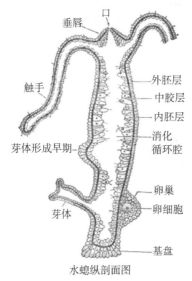

水螅纵剖面图

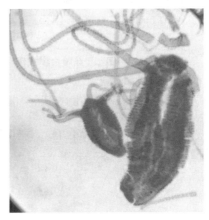

图5 水螅模式图（左）及实物图（右）

在高倍镜下观察，水螅的体壁分为紧缩密排的二层细胞，外面的一层细胞比较小，排列整齐，称为外胚层，里面一层细胞较大，不甚整齐，称为内胚层。这两层之间，为一层很薄的中胶层。

外胚层主要有皮肌细胞（长柱形，近中胶层一端有纵肌纤维样结构）、间细胞（未分化的胚胎细胞）、刺细胞（分布于触手和口周围）、感觉细胞、神经细胞。

内胚层主要由内皮肌细胞（能伸出伪足吞取食物，进行细胞内消化）、腺细胞（长棰形无横纹肌纤维，能分泌酶到腔肠中进行细胞外消化）。

水螅主要以出芽生殖为主，外界条件不太好时也会进行配子生殖。进行配子生殖时身体上部为精巢，其顶端稍尖，在身体下部其顶端较圆的为卵巢。当发育成熟后释放出精、卵进行受精（图6、图7）。

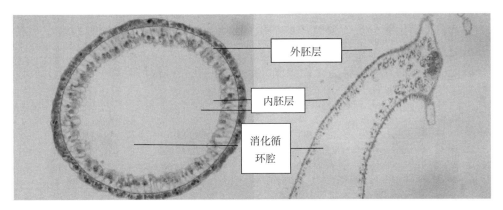

外胚层

内胚层

消化循环腔

图6　水螅横切图（左）及纵切图（右）

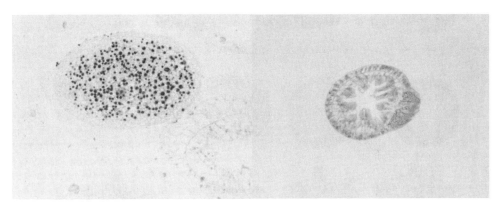

图7　水螅卵巢（左）及精巢（右）

多细胞动物胚胎发育

动物的个体发育是指从受精到成体一生直到死亡的整个过程，包括胚前发育、胚胎发育和胚后发育。多细胞动物胚胎发育的主要过程分为6个阶段，即受精卵时期、卵裂期、囊胚期、原肠胚期、中胚层期和组织器官系统形成期。受精的时间相当短，故不易观察到。

取蛙早期胚胎发育各时期的装片以及模型进行观察。

1. 受精卵时期：蛙的精子和卵子以水为介质，精子游动到卵子周围，精卵细胞结合形成受精卵，是单细胞，是新个体的开始。依卵黄含量不同，可将卵分为少黄卵、中黄卵、多黄卵等类型。

2. 卵裂期：蛙卵的第一次分裂是指沿经裂（纵裂）一分为二，最初开始分裂是从动物极开始的，第二次为经裂，分裂面与第一次分裂面垂直，分裂球的细胞数由二个变为四个，第三次分裂是纬裂（横裂），分裂球的位置在稍偏于动物极（动物极的卵黄少，而植物极的卵黄多），这三次分裂面相互垂直。细胞数由四变八，以后连续分裂，分裂球的细胞数目呈 2^n 倍增加。这时细胞的大小不相等。通过蛙卵分裂晚期装片可以看到这些（图 8、图 9）。动物胚胎的细胞数在 8 个以前的各个时期细胞称为全能细胞，因为它们在条件许可时有可能分化为其他任何组织和器官系统，形成一个完整的生命个体。

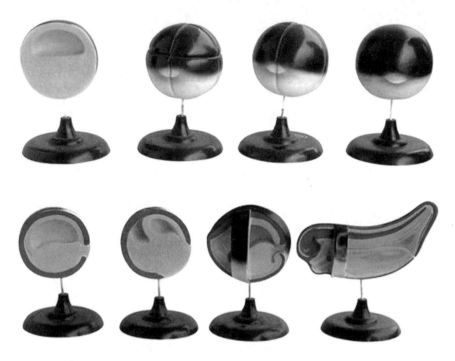

图 8 蛙早期胚胎发育模型

3. 囊胚期：卵裂的结果形成球形的细胞群体，这些细胞群体外观似桑葚，故又称为桑葚胚期。但是这些细胞群体在偏向动物极细胞一端（较小细胞一端）形成一个中空的空腔，称为囊胚腔，故把此时胚胎称为囊胚期。

4. 原肠胚期：动物胚胎形成囊胚腔后，由于动物极的细胞分裂快，植物极细胞分裂慢，动物极细胞把植物极细胞包围下来，即形成外胚层，而植物极细胞分裂慢一些，在内胚层继续分裂。这时内、外胚层围成的空腔叫原肠腔，原肠腔逐渐把囊胚腔挤掉（图 10）。

5. 中胚层期（也称为三胚层形成期）：经过细胞的分裂，通过两种方式在内、外胚层之间再形成一层新的胚层，这一层称为第三层或中胚层。它是形成动

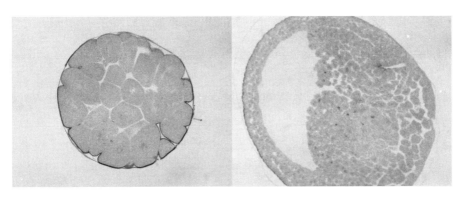

图 9　蛙卵裂后期实物图　　　　　**图 10　蛙原肠胚期**

物实质组织的胚层，是动物进化中要进化成高等动物的物质基础，没有这个胚层，动物胚胎不能形成复杂的器官及系统（图 11）。

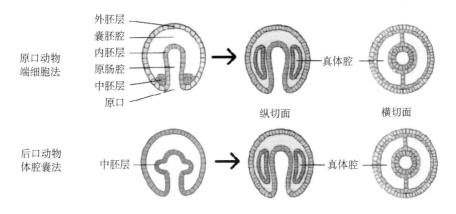

图 11　中胚层形成示意图

6. 组织器官系统形成期：细胞向特殊需求方向分化且分化完善，把具有相似功能的细胞组合在一起形成组织，从而进一步形成器官，在此基础上再形成器官系统，使生物体的胚胎具有了初步的形态。在动物胚胎的初期基本上具有相似的形态结构。

（1）外胚层：皮肤及其衍生物，如指甲、羽毛等，神经组织、晶体、眼网膜、内耳上皮等。

（2）中胚层：真皮、骨骼、肌肉、循环和排泄系统、脂肪组织、结缔组织、体腔膜和系膜等。

（3）内胚层：消化道、呼吸道上皮、肺、肝等。

五、作业

1. 绘制草履虫（或绿眼虫）外形图，并标注观察到的结构。
2. 绘制水螅纵切图并标注。
3. 蛙的早期胚胎发育可分为哪几个阶段？每个阶段的发育特点是什么？

实验四　扁形动物、原腔动物观察

一、实验目的

1. 通过吸虫纲和绦虫纲标本的观察，熟悉扁形动物的主要特征。
2. 掌握扁形动物的中间宿主、终末宿主及其寄生部位、感染期。
3. 通过对蛔虫的观察，了解原腔动物的主要特征，掌握其寄主部位。
4. 了解以蛔虫为代表的原腔动物的假体腔（初生体腔）。
5. 了解吸虫纲与线形动物的区别。

二、实验内容

1. 扁形动物门寄生虫装片的观察。
2. 扁形动物石膏模型、浸制标本的观察。
3. 蛔虫的观察。

三、材料与用具

1. 材料：华支睾吸虫永久装片、肝片吸虫装片、布氏姜片虫装片、日本血吸虫雌雄装片、蛔虫横切片、蛔虫的浸制标本。
2. 器具：显微镜、手持放大镜显微镜、猪肉绦虫膏模型、拭镜纸。
3. 试剂：无。

四、操作与观察

（一）扁形动物门

约有 25 000 种，体长从不到 1 mm 到数米，根据生活方式和形态特征分 3 个纲：涡虫纲、吸虫纲和绦虫纲。

涡虫纲：自由生活的扁形动物，肌肉较寄生种类发达，具纤毛，运动能力较强，消化系统、神经系统、感官较发达。大多数种类在浅海石块、海藻下隐居生活，潮间带较为丰富。例如蛭态涡虫、平角涡虫等，淡水种类多在溪流、湖泊等清洁的流水石块下生活，例如真涡虫、多目涡虫等，极少数种类生活在热带、亚热带的丛林或潮湿遮阴的地面，例如笄蛭涡虫。

吸虫纲：寄生生活，体内或体外寄生，具附着器官（吸盘），消化系统简单，神经系统和感官退化，生殖系统发达，生活史复杂，多具有更换宿主现象，体表具合胞体层：特殊的保护和吸收结构。常见种类：指环虫、三代虫、日本血吸虫、姜片虫等。

绦虫纲：体内寄生，体长 2~4 m，由 700~1 000 个节片组成，身体分三部分：头节（生有吸盘和小钩，以附着肠黏膜）、颈节（纤细不分节片，能不断分裂产生节片，是绦虫的生长区）、节片（未成熟节片：长小于宽，内部构造尚未发育完全；成熟节片：近方形，内有生殖器官、神经和排泄管；妊娠节片：长大于宽，其他器官消失，只存充满卵的子宫）。头节上有吸盘，通常还有钩，用于固着在宿主上。通过表皮吸收食物，无口及消化道。多数雌雄同体，常自体受精。生活史复杂。

涡虫、华支睾吸虫、肝片吸虫、布氏姜片虫、日本血吸虫、绦虫等是扁形动物各纲的常见代表动物。

1. 华支睾吸虫：又称华肝蛭，属于扁形动物门吸虫纲的动物，成虫寄生于人、犬、猫等专食/兼食鱼或者虾的哺乳动物肝胆管内，最早发现于印度华侨肝脏，故取名"华肝蛭"。其第一中间宿主为螺属的 7 种淡水动物，第二中间宿主为淡水鱼类和淡水虾。观察华支睾吸虫永久切片。

华支睾吸虫成体狭长呈柳叶状，背腹扁平，前部较狭窄具辐射状条纹，包围口吸盘，吸盘的前端开口即为口，后部较钝圆。在腹部还有一个腹吸盘，两个吸盘均是寄生虫在宿主体内起固定作用。

（1）消化系统：虫的后端为肌肉质的咽，咽后为极短食道，肠道分两支为肠支，肠沿身体的两侧直达身体的后端。末端封闭成为盲管，因此这类动物没有肛门，属于不完全消化系统。

（2）排泄系统：华支睾吸虫的排泄系统随肠支分布于皮下，属原肾管排泄，两排泄管在虫体的后方汇合，形成一条较粗的排泄管，末端的开口便是排泄孔，位于身体后端。

（3）生殖系统：华支睾吸虫生殖系统发达且复杂，为雌雄同体（图1）。

雄性生殖系统：精巢（睾丸）一对，呈泡沫状分支（故名华支睾），在身体的后端精巢前后各一，各有一条细的输精管通向身体前端，两者在身体中部汇合成一输精管，再向前延伸形成庞大的贮精囊，然后开口于吸盘前方。

雌性生殖系统：在虫体内两侧的外缘有着色较深的卵巢腺，位于精巢的前方。每腺体伸出一细微的小管（有的标本上看不到），小管汇合成卵黄管。两侧的卵黄管走向虫体的中部（精巢的前部，吸盘后方），与卵巢发出的极短的卵巢管汇合通入卵腔。这是形成卵的地方。与卵巢外形相似、着色很深的结构是受精囊。

2. 日本血吸虫：也称为日本分体吸虫，为雌雄异体，一般雌虫细长，雄虫比较粗短。雄虫身体的两侧向腹面卷曲形成抱雌沟，雌虫常位于抱雌沟内，这种

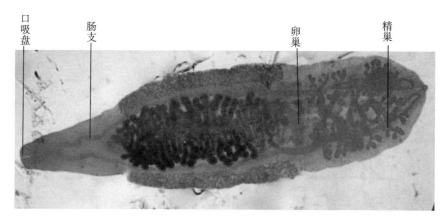

图 1　华支睾吸虫实物图

称为雌雄合抱体（图 2）。通常以淡水螺类中的钉螺作为中间宿主，有很强的宿主专一性。成虫以人和羊、牛等为终末宿主，寄生于宿主肝门静脉（比较多）和肠系膜静脉（比较少）中，通过尾蚴期接触感染。

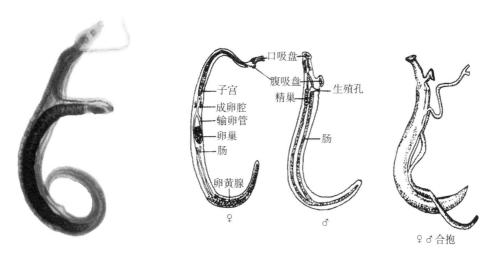

图 2　日本血吸虫成体模式图（右）及实物图（左）（引自中国大学 MOOC）

3. 肝片吸虫：又称为羊肝蛭，成虫寄生在牛、羊及其他草食动物和人的肝脏胆管内，有时在猪和牛的肺内也可找到，是雌雄同体的动物。虫体扁平叶状，口吸盘位于体前端，腹吸盘位于前端腹面，口孔开口于口吸盘（图 3）。通常以淡水螺类椎实螺作为中间宿主。

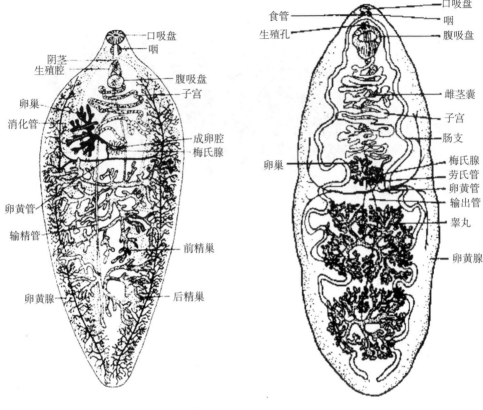

图3 肝片吸虫模式图　　　　图4 布氏姜片虫模式图

4. 布氏姜片虫：为人体中最大的吸虫，雌雄同体，成虫寄生在小肠，严重感染时可扩展到胃和大肠，其中间宿主为扁卷螺，是雌雄同体的动物。成虫长椭圆形、肥厚，新鲜虫体呈肉红色，背腹扁平，前窄后宽，体表有体棘。口吸盘近体前端，直径约 0.5 mm，肉眼可见，咽和食管短，肠支呈波浪状弯曲，向后延至虫体末端（图4）。

5. 猪带绦虫：猪带绦虫病是一种肠道寄生虫病（图5、图6）。在人体有两种不同的感染形式，即肠内的成虫感染和组织内的幼虫感染（囊虫病）。人大多因生食或进食未煮熟的含有囊虫的猪肉而被感染。感染猪带绦虫病的患者是该病的传染源，疾病症状最初多轻微，在绦虫期可有恶心呕吐、消化不良、腹泻等症状，临床多采用驱虫治疗。

（二）原腔动物门

雌雄异体，体型大多数呈长圆筒形，身体不分节，或仅体表具有横纹。体表被角质膜，具原体腔（故也称原腔动物），消化系统最先出现了肛门，成了最早

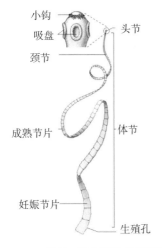

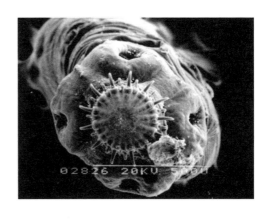

图 5 绦虫节片示意图及头节实物图（引自中国大学 MOOC）

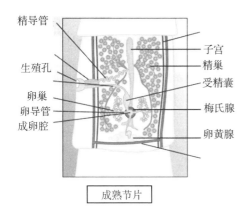

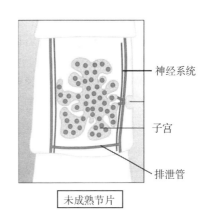

图 6 绦虫成熟节片和未成熟节片内部解剖示意图（引自中国大学 MOOC）

的完全消化系统，排泄器官仍为原肾管系统，生殖系统雌雄异体。

蛔虫：蛔虫是原腔动物门线虫纲常见的动物，是人体肠道内最大的寄生线虫，体呈圆筒状，两端尖，口部分分为 3 个唇片，一个背唇和两个上腹唇，腹唇的下缘各有一个乳突，背唇的上缘有两个乳突（图 7）。成体略带粉红色或微黄色，体表有横纹，雄虫尾部常卷曲。蛔虫是世界性分布种类，是人体最常见的寄生虫，感染率可达 70% 以上，农村高于城市，儿童高于成人。

1. 体壁。

（1）角质层：最外层，厚而光滑，保护身体，抵御寄主体内消化液的腐蚀。

（2）上皮层：是上皮细胞组成的合胞体，在身体两侧和背、腹中央，上皮

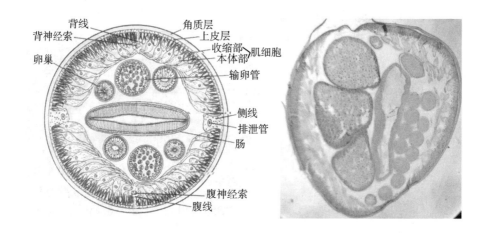

图 7　蛔虫横切示意图（左）及实物图（右）

细胞层加厚形成侧线和背线、腹线，背线、腹线中有背神经索、腹神经索，侧线中有排泄管，上皮层细胞能向外分泌物质形成角质层。

（3）肌肉层：为最里层，由单层纵肌构成，肌细胞的原生质部伸向背、腹神经索，接受神经支配。

2. 假体腔：为体壁与肠道之间的空隙，范围较大，容纳大量内脏器官，为动物进化提供物质基础。由中胚层形成的肌肉层与体壁紧密相连。主要起输送营养，在体壁与内脏之间形成膨压使身体保持一定体形的作用。

3. 生殖器官：位于假体腔中，蛔虫的生殖系统为长管型。

（1）雌蛔虫：双管型，由卵巢、输卵管、子宫、阴道、生殖孔组成。输卵管和卵巢的断面较小，而子宫的断面较粗大，为圆形断面，其内充满成熟的卵，看上去细胞体积和分布较均匀。

（2）雄蛔虫：单管型，由精巢、输精管、储精囊、射精管和泄殖孔组成，精巢较小，管壁薄，输精管稍大，壁亦稍增厚。

4. 消化系统：消化道简单，由口、咽、肠、直肠和肛门组成。取食宿主体内的半消化物质，不需消化就可直接吸收利用，无特殊的消化腺，肠腔内有微绒毛，可增加吸收面积。

由于蛔虫在我国感染率非常高，对人及动物的粪便处理极为重要，要让粪便中的蛔虫卵失去生命力，减少蛔虫对人类的感染。要求人们养成良好的生活习惯，饭前便后要洗手，减少蛔虫卵进入消化道的可能性，从而降低感染率，提高生活质量。

五、作业

1. 绘制肝片吸虫的整体装片并标注。

2. 绘制蛔虫横切图示并标注。

3. 写出扁形动物门和原腔动物门代表寄生动物的终末宿主、中间宿主、寄生部位及感染期（至少4种）。

4. 如何区分开吸虫纲的动物和线形动物？

实验五　环节动物观察与环毛蚓解剖

一、实验目的

1. 通过环毛蚓的解剖以及装片的观察，了解环节动物的主要特征。
2. 了解环节动物的分节现象和真体腔（次生体腔）的结构。
3. 了解一些常见低等动物的解剖技术。
4. 区分真、假体腔的异同。

二、实验内容

1. 环毛蚓的解剖。
2. 观察环节动物的浸制标本。

三、材料与用具

1. 材料：浸泡的环毛蚓、蚯蚓横切示刚毛装片、环节的横切装片、蚯蚓精囊切片装片。
2. 器具：显微镜、手持放大镜显微镜、拭镜纸、解剖针、蜡质解剖盘、镊子、大头针、手术剪。
3. 试剂：无。

四、操作与观察

环节动物是高等无脊椎动物的开始，身体出现了真分节现象，但为同律分节，具有真体腔（或次生体腔），第一次出现了高级的循环系统——闭管式循环，排泄器官进化为比较高等的后肾管系统，神经系统也进化成链状神经。

环毛蚓：属于环节动物门寡毛纲动物，体长 230~245 mm，体宽 7~12 mm。背孔自第 12 节与第 13 节间开始。背面呈紫红色或紫灰色。环带占 3 节，位于第 14~16 节，无刚毛（图 1）。体上具环生的刚毛。穴居于潮湿多腐植质的泥土中，以菜园、耕地、沟渠边数量最多。体色因环境不同而异，具有保护色的功能，一般为棕、紫、红、绿等色。蚯蚓雌雄同体。每年 8—10 月进行繁殖，互相交配以交换精子。受精卵在蚓茧内发育成小蚯蚓而出茧生活。蚯蚓的再生能力很强。

1. 外部形态：取一条环毛蚓置于解剖盘中，可观察身体圆而细长，由许多相似的体节组成，雌雄同体。体节与体节之间的深槽沟称为节间沟，体节上的浅

图1 环毛蚓实物图（https：//www.yangzhi.com/）

槽为体环（不易观察），前端第一节为肌肉质的突起，称口前叶，有摄食、掘土和感觉功能。性成熟个体在第14~16节由表皮形成的腺肿状隆起形成环带（生殖带），从第11 / 12节间沟开始，在背中线上每节一个背孔，能放出体腔液，湿润皮肤，以便于呼吸，减少摩擦，保护皮肤。三对纳精囊孔：位于6/7、7/8、8/9节间沟的两侧，一个雌性生殖孔，位于第14节腹面中央，一对雄性生殖孔，位于第18节腹面两侧（图2）。

2. 内部构造：外形观察完毕后，小心地将蚯蚓沿背中线偏右避开背部血管用手术剪剪开。将剖开来的体壁用大头针牢牢地钉在蜡制的解剖盘上，盘中注入少量清水，以淹没1/3的动物体为度，然后依次观察结构。

（1）体腔：剪开体壁时，在体壁与内部器官的空隙为体腔，蚯蚓体腔为真体腔，并且被许多横裂的隔膜隔成许多小室，隔膜除靠近身体前段的较厚外，其余的部分都较薄。

（2）消化系统：环毛蚓的消化道自口至肛门为一条直管。肠可分为前、中、后肠，前肠：包括口腔、咽（3~5体节内是富有肌肉质的咽）、食道（6~8节内为比较细的食道）、砂囊（9~10体节内有一个特别大的球形砂囊，其功能是磨碎食物）；中肠：包括胃（11~14体节内）、小肠（15节起直到肛门的部分扩大为肠，表面往往呈现黄色）；后肠：包括直肠（最末几个体节，收集和贮存食物残渣，肛门排出体外）、肛门（20多节的地方，肠向两侧伸出一对盲肠，肠的末端是肛门的开孔）。

（3）循环系统：环毛蚓有高度发达的闭管式循环系统，由纵血管、环血管和微血管组成。

纵血管由背血管、腹血管、神经下血管、侧血管组成。

背血管：位于消化道背面，血液自后向前流动。

腹血管：位于消化道腹面。

神经下血管：位于腹神经索下面。

侧血管（食道侧血管）：位于消化道前部两侧。

环血管。

心脏：位于第 7、9、12、13 体节，有自主节律地搏动，连接背腹血管，血液自上而下。

壁血管：除身体前端外大部分体节各一对，连接神经下血管和背血管，血液自下而上。

微血管：连接侧血管和腹血管，血液自下而上。

（4）生殖系统：环毛蚓雌雄同体，生殖腺是由体腔上皮形成，但成熟的时期不同，故不能进行同体受精。成熟的性细胞，要落到体腔后由体腔来源的生殖导管排出体外，进行体外受精和体外发育。

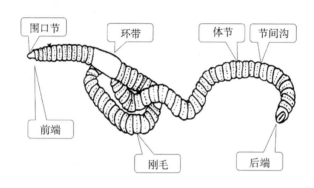

图 2　环毛蚓外部形态示意图（引自中国大学 MOOC）

① 雄性生殖器官：精巢 2 对，很小，位于第 10、第 11 体节内的精巢囊内。贮精囊 2 对，与精巢囊相通，充满营养液，精细胞形成后先进入贮精囊内发育，待形成精子后再回到精巢囊。精漏斗 2 对，前端膨大，口具纤毛，后接输精管。输精管 2 条，于第 13 体节内合为一条，向后伸至第 18 体节，以雄孔开口于体壁。前列腺一对，位于雄孔内侧，分泌黏液，与精子的活动和营养有关。

② 雌性生殖器官：纳精囊 3 对，位于第 7、第 8、第 9 体节内，为梨形囊状物，为接纳和贮存精子的场所。卵巢一对位于第 12、13 体节内，后面各接一卵漏斗，连接输卵管，在隔膜处合后，以雌孔开口于第 14 体节中央。

环毛蚓精子先成熟，雌雄交配。将精液送入对方的纳精囊内，卵成熟，环带分泌物质形成蛋白质环，成熟卵产在环内。随身体收缩，蛋白质环向前移动，至纳精囊孔处，精子逸出，与卵受精。环带继续前移，从前端脱离蚓体，两端封闭，形成蚓茧。受精卵在蚓茧内发育，2~3 周后孵化出小蚯蚓，破茧而出。

（5）神经系统：由脑、围咽神经索、咽下神经节和腹神经索组成。

（6）排泄系统：环毛蚓以小肾管为排泄器官，小肾管为后肾管型，肾管很微小，数目很多，故不易看见。

3. 观察环毛蚓永久装片

（1）体壁：最外一层为很薄的角质膜，由表皮细胞分泌而成，其下为表皮层，由层柱形上皮细胞组成，其间有着色很深腺细胞分布。功能：组成体壁的主体，分泌角质膜；腺细胞能分泌黏液，湿润体表。位于表皮层的内方是很发达的肌肉层，同由一层薄的环肌层（外层）和一层较厚的纵肌（内层）组成，纵肌之间内紧贴着一层由中胚层发育而来的扁平细胞，即体壁膜。体壁上有时能看到刚毛（图3）。

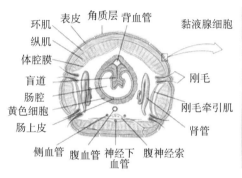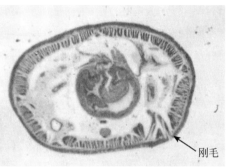

图3　环毛蚓横切示意图（左）及实物图（右）

（2）真体腔：位于体壁和消化道之间的空腔，被体腔膜所包围，是真体腔，在真体腔的横断面内可看到一些血管、隔膜等断面，是容纳内脏器官的地方。背部有背血管和背肠系膜，腹部有腹血管和腹神经索。

（3）肠壁：肠壁的最外层是一些规则黄色细胞的脏壁膜。

（4）肠腔：肠壁包围的空腔为肠腔，肠腔的背面形成凹陷，即为盲道。

五、作业

1. 绘制蚯蚓的横切图并标注。

2. 如何区分真体腔和假体腔？

3. 比较蚯蚓和蛔虫的横切不同处。

实验六　节肢动物观察和棉蝗与沼虾比较解剖

一、实验目的

1. 通过对蝗虫的解剖观察，了解节肢动物昆虫纲的主要特征。

2. 通过对沼虾的解剖观察，了解节肢动物甲壳纲的主要特征。

3. 通过对棉蝗及沼虾的解剖，了解节肢动物陆生种类和水生种类结构差异及对环境的适应特征。

二、实验内容

1. 蝗虫的解剖及观察。

2. 沼虾的解剖及观察。

三、材料与用具

1. 材料：棉蝗浸制标本、棉蝗石膏模型、沼虾浸制标本。

2. 器具：手术刀、手术剪、解剖针、蜡质解剖盘、镊子、大头针。

3. 试剂：清水。

四、操作与观察

（一）棉蝗的解剖

1. 蝗虫的外形

一般蝗虫体呈黄褐色，体型较大，可明显分为头、胸、腹三部分，共有 20个体节。其中头部有 6 个体节愈合而成，胸部有 3 个体节，腹部有 11 个体节。在其体表共有 10 对气门，其中两对在胸部，位于前胸和后胸两节，不易看清楚；其余 8 对位于腹部的 1~8 节背侧板下侧。在中胸有一对听器，为白色膜状结构（图 1）。

（1）头部：是其感觉和摄食中心。最前端为棉蝗咀嚼式口器，头顶钝圆，两侧有成对的丝状触角和长卵圆形复眼，还有 3 个单眼呈品字排列（不易看清）。

① 复眼：一对，卵圆形，棕褐色，位于头部前端的两侧，它由许多个（小）眼组成，每个小眼都可感光和成像。

② 单眼：有 3 个，1 个在额的中央。

③ 触角：一对，位于复眼的内侧，头顶之两侧，细长呈丝状，除柄节梗节

稍粗外,鞭节各节大小和形状相似,向端部逐渐变细。

④ 口器:咀嚼式口器,取食器官,由头部的后三对附肢和一部分头部联合而成,由上唇 1 片,上颚 1 对,下颚 1 对,下唇 1 片,舌一个,适宜于取食固体食物。

(2)胸部:是其运动和支持中心,由前胸、中胸、后胸三体节组成,有许多的附肢位于此处。胸部有如下结构。

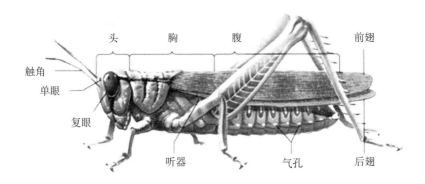

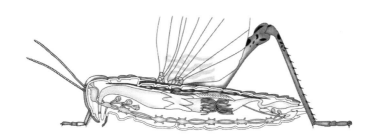

图 1 棉蝗的外形(上)及内部解剖(下)结构示意图

① 外骨骼:每节均有一片背板、一片腹板和其联系作用的两片侧板组成的外骨骼。前胸背板路略似马鞍,中隆线明显隆起。

② 附肢:两对步行足,分别位于前胸和中胸,一对跳跃足位于后胸;和两对翅膀,着生于中、后胸背面两侧,前一对为革质的鞘翅,后一对为膜质的膜翅,其上有暗红色斑纹,各翅贯穿翅脉。

(3)腹部:是其消化和生殖的中心,由 11 节组成。

① 外骨骼:每节由背板和腹板组成,侧板则退化为连接背、腹板的侧膜。但第 9、10 节腹背板愈合,其间有一条沟,雌性的第 9、10 节腹板,第 8 节腹板往后延伸成背部三角形肛门上板,两侧各有一个三角形的肛侧板。第 10 节后缘两侧各有一尾须。

② 外生殖器：雄体为交配器官，雌体称为产卵器。均位于蝗虫身体最末端。

产卵器：由背板、腹板各一对组成，位于腹部末端。

交配器：为一对钩状的阴茎，将第9节腹板向下压即可见到。

③ 听器：位于第1节腹节两侧，听器外层为鼓膜，白色薄膜，感受声波刺激作用。

④ 气门：蝗虫共有10对气门，其中腹部两对，位于中胸和后胸，不易发现，需仔细观察，第1对在前、中胸侧板交界处，第二对在中、后胸侧板交界处；腹部有气门8对，分别在1~8腹节背板两侧下缘前方，接近于体节连接处。

2. 内部构造

沿身体的两侧侧板（背板与腹板相交处）自后向前剪开腹部，两侧均剪到头胸相接处，小心取下整块背板。

（1）循环系统：把取下的整块背板拿起，面对阳光透视观察整个背板的正中央，可见中央有一细长的管状结构，其间略有膨大处，即为心脏，共7个。

（2）呼吸系统：将背板放置于培养皿中加水没过背板，可见许多白色的分支细空管漂于水面，称为气管。气管膨大的部分为气囊（这些要在解剖时小心才易看到），也是白色，紧贴于体壁和背板下的空囊状结构（图2）。

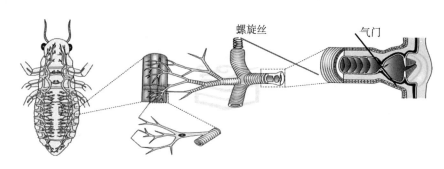

图2　蝗虫呼吸系统模式图

（3）生殖系统：棉蝗为雌雄异体。

① 雄性生殖器官。

精巢：一对，位于内脏器官背方，左右相连成一长圆形结构。

输精管：为精巢腹面两侧向后伸出的一对小管。

② 雌雄生殖器官。

卵巢：位于内脏器官背方，也为一对，其中有许多自身体中部左斜向后方排列的卵巢管（称为卵萼），是黄色的。

输卵管：位于卵巢侧的一对纵行管，直通粗短的阴道。

（4）消化系统：消化道分为前肠、中肠、后肠三部分（图3、图4）。

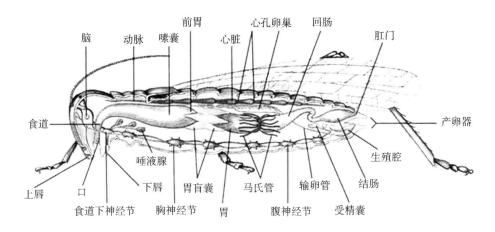

图3 蝗虫内部结构示意图

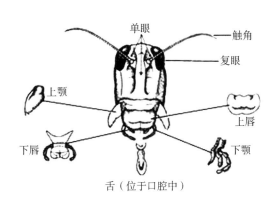

图4 棉蝗的口器解剖图示

① 前肠：是由外胚层发育而来的，由口腔、咽、食道（较短）、嗉囊（膨大呈圆球形，较硬）、前胃（不明显）组成的。前肠是由体壁内陷而成的。

② 中肠：又称胃，是由中胚层发育而来，与前肠交接处有3对向外突出的胃盲囊，与后肠分界处则是马氏管为标志。在蝗虫蜕皮时，中肠也要蜕皮。

③ 后肠：由外胚层发育而来的，后肠分为三部分，即回肠、结肠和直肠。在回肠与中肠交界处有马氏管开口，结肠是后肠中较细转折的部分，直肠体积膨大，肛门开口于身体末端上部。

（5）排泄器官：是马氏管，取棉蝗完整肠道置于培养皿中加水没过肠道，在中、后肠交界处有许多白色小细管漂于水面，为棉蝗排泄器官——马氏管。

（6）神经系统：小心去除胸部及头部背部外骨骼（即背板）和肌肉，不要取下腹板，保留复眼和触角，顺着腹板的神经索可看清楚其神经系统的所有结构，其中有神经节和链状部分。

① 脑泡：位于两复眼之间，为淡黄色块状物，时间长久后会变成空泡。

② 围食道神经环：是从脑部发出的神经，绕过食道，在食道下形成食道下神经节，胃食道神经是从食道两侧围绕穿过，故得此名。

③ 腹神经索：轻轻地将消化道移开，可见腹板的上面有模糊可见的腹神经索，其上有 7 个神经节，其中的 5 个相当明显，两个在腹部末端不太明显。

（二）沼虾的解剖

1. 沼虾的外形

一般沼虾呈灰白色，体型较大，可明显分为头胸部和腹部两部分。共有 21 个体节，其中头胸部由 14 个体节愈合而成，腹部有 7 个体节，体表有坚硬的外骨骼（图 5）。

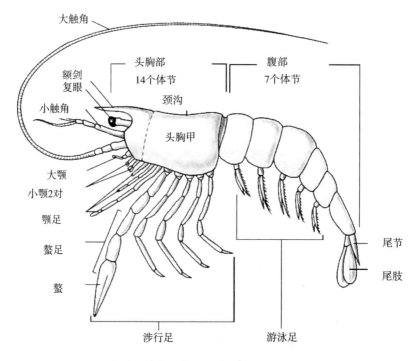

图 5　沼虾外形结构示意图（引自中国大学 MOOC）

（1）头胸部：是其感觉和摄食中心。头由许多几丁质的骨片组成，头顶中央有一侧扁锯齿状突起，称额剑，额剑两侧为可活动眼柄，其上着生复眼；头胸部近中央处有一光滑凹陷，称颈沟。颈沟之前为头部，之后为胸部，胸部两侧外骨骼称鳃盖，其内靠近步行足基部为鳃。

（2）腹部：沼虾腹部细长而扁圆，共 7 个体节，共有 6 对附肢，最后一个体节为扁平的尾节，腹面有一纵裂缝为肛门。

（3）附肢：除尾节外，每个体节均有 1 对附肢，共计 19 对，分别为第 2～3 体节的两对触角，第 4 对体节的大颚，第 5～6 体节的 2 对小颚，第 7～9 体节的 3 对颚足，第 10～14 体节的 5 对步行足，第 15～20 体节的 6 对游泳足，幼年个体在第 1 体节还有胚节。

2. 内部构造

沿身体头胸甲中央偏左剪开头胸甲，小心剥离头胸甲与内脏之间的结缔组织，以防损伤内脏（图 6）。

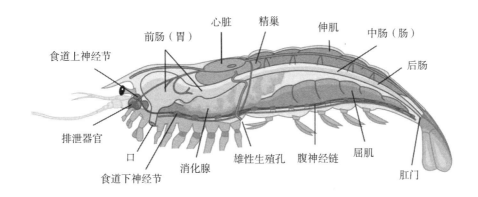

图 6　沼虾内部解剖示意图（引自中国大学 MOOC）

（1）呼吸系统：剪开头胸甲，在步行足基部会看到灰白色褶皱状突起，即为沼虾的鳃。观察完鳃后，继续往前剪至额剑处，去除头胸甲，注意不要损伤内脏。

（2）肌肉系统：沿腹部两侧从前到后剪开，去除背甲，可观察到沼虾肌肉，肌肉是典型的成束排列的横纹肌，这是节肢动物肌肉的特点。

（3）循环系统：节肢动物循环系统以开管式循环为主，主要由心脏和动脉组成。

① 心脏：位于头胸部后端，外有一层透明围心膜，小心撕下围心膜，可见到半透明囊状多角心脏，取心脏放于水中可见到背面、腹面和前侧面均有一对心孔。

② 血管：轻挑起心脏，可见心脏处发出 7 条透明细长血管。

（4）生殖系统：观察完循环系统后，去除心脏，即可看到生殖系统，沼虾为雌雄异体。

① 雌性：卵巢一对，随发育时期不同大小差别较大，新鲜活体成熟时期为

淡红色颗粒状，卵巢向腹面两侧各有一条细短的输卵管。

②雄性：精巢一对，新鲜活体成熟时期为白色，精巢向腹面两侧各有一条细长的输精管。

（5）消化系统：去除生殖系统，在生殖系统下方左右两侧可见到淡粉色腺体，为沼虾肝胰脏。肝胰脏前方有一膨大小球形胃，新鲜活体时胃为黑褐色。胃前为较短的食道，后方为沼虾中肠，中肠较短，位于肝胰脏两侧。中肠之后为后肠，后肠贯穿整个腹部。

（6）排泄系统：小心减去大触角外骨骼，在大触角外骨骼内侧可见到圆形腺体，即为沼虾排泄器官——触角腺，新鲜活体时为绿色，故也称绿线。

（7）神经系统：去除食道以外的所有内脏器官和肌肉，小心剪开胸部背壁即可见到白色索状神经。

五、作业

1. 绘制蝗虫的咀嚼式口器图并标注。
2. 绘制蝗虫的外形图并标注。
3. 简述节肢动物门水生动物和陆生动物对环境的适应性特征。
4. 节肢动物门主要纲的代表动物是哪些？

实验七　鱼纲动物观察及鲤鱼的解剖

一、实验目的

1. 通过鲤鱼的解剖，了解硬骨鱼类的一般构造特征及其主要特征。
2. 学会解剖鱼类的方法、主要步骤和技术。
3. 掌握鱼类适应水生生活的特征。

二、实验内容

1. 鲤鱼的解剖与观察。
2. 几种鱼类浸制标本的观察。

三、材料与用具

1. 材料：活鲤鱼、鲤鱼剥制标本、鲤鱼骨骼模型。
2. 器具：手术刀、手术剪、解剖盘、镊子。

四、操作与观察

鲤鱼的解剖与观察

鲤鱼属于脊索动物门，脊椎动物亚门、鱼纲、硬骨鱼类、辐鳍亚纲鲤科的主要代表动物，是淡水中常见的种类，俗名"拐子"（图 1）。最大的体重可达40kg，肉味美。

1. 外形

体呈左右对称，侧扁，纺锤形，体呈流线形，能减少运动时的阻力，游动速度快，活体时，鱼体表面极为黏滑，这是由皮肤分泌大量黏液的缘故。除头外，体表均被覆盖有呈覆瓦状排列的大型鳞片，为真皮的衍生物，是骨鳞中的圆鳞，在身体两侧中央，还各有一排具有小孔的鳞片，小孔规律排列，形成一条虚线，相连成的纵线为侧线，可分为头部、躯干部和尾部。

头部：身体最前端至最后一对鳃裂（软骨鱼）或鳃盖后缘（硬骨鱼）。最前端为口，口两侧有触须两对，口后上颌有一对外鼻孔，鼻腔实际上是一对盲囊，其底部并不和口腔相通，故只有嗅觉而无呼吸作用。后为一对没有眼睑的松果眼，头部最后段两侧为鳃盖，其内为鱼的呼吸器官——鳃。

躯干部：鳃盖后缘至肛门或臀鳍前端。躯干部主要为鳍（背鳍一个，胸鳍

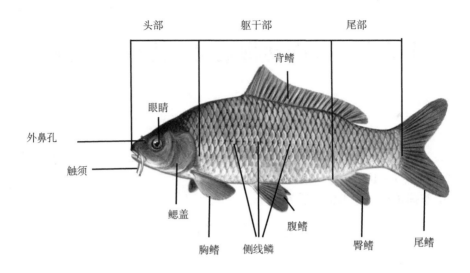

图 1　鲤鱼实物图

和腹鳍各一对）和鳞片，鲤鱼的鳞片为圆鳞，上有年轮，可作为年龄鉴别材料。在腹面中线上，在臀鳍之前有两个紧连的开孔，前为肛门，后为泄殖腔。

尾部：肛门以后部分。

2. 内部解剖

取一条鲤鱼放在解剖盘中，使腹部向上，用解剖剪从身体后端肛门处沿腹中线经腹鳍中间向前剪至下颌之后。用手将腹腔内体壁肌肉和内脏之间的结缔组织切断，再使鱼体左侧向上横卧，然后自肛门处的开口向背方剪至脊柱（此段应是弧形），再沿脊椎下方向前剪至胸鳍之前，除去左侧体壁，即可观察（图 2）。

（1）消化系统：包括由口腔、咽、食道和小肠组成的消化道以及肝胰脏、胆囊组成的消化腺。

① 口腔：剪去左侧的鳃盖及一部分上颌，可见口腔由上、下颌组成，无齿，口腔的底部有一萎缩的三角形舌，口腔背壁是肌肉，为软腭。

② 咽：接于口腔连接口腔和食道，左右两侧是鳃裂，咽齿即位于此。

③ 食道：在咽的后方，较短，背面通有鳔管与鳔相连。

④ 肠：接于食道后，曲折盘旋，为体长的 2~3 倍，前粗后细，其中约 2/3 为小肠，后紧接大肠，最后一部分为直肠，直肠后接肛门。

⑤ 肝胰脏、胆囊：腹腔前侧肝脏和胰脏弥散在一起合称为肝胰脏，埋在肝胰脏内有一椭圆形、深绿色胆囊。

（2）呼吸系统：主要器官是鳃。

① 鳃盖膜：鳃盖后缘的薄膜。

② 鳃弓：位于咽的后两侧，共 5 对，因呈弧形而得名，起支持鳃片作用。

③ 鳃丝：由鳃丝组成的片状物，每鳃丝的两侧又有许多突状的鳃小片，其上分布许多微血管。

④ 鳃耙：鳃后的内凹面有两列三角形的突起，左右互生。

⑤ 鳔：位于胸腹腔的两侧，分为前后两室，为银白色的胶质状囊。

（3）泄殖系统：包括由肾脏、输尿管、膀胱组成的泌尿器官和由精巢、输精管或卵巢、输卵管组成生殖系统。

① 肾脏：位于脊椎的下方，紧贴在胸腔腹腔的背面，呈深红色，每一肾的前端为头肾，肾起于第 4、5 脊椎之下，向后延伸到 16 脊椎下方，细小的后肾达第 23 脊椎下方。

② 输尿管：从前肾脏通出的一条细管，沿腹腔背壁向后延伸，在将末端处汇合，进入膀胱。

③ 膀胱：输尿管后方的一个略似盾形的囊即为膀胱，白色，不易观察到。

④ 精巢：性成熟的精巢纯白色，呈扁的长囊状，左右各一块。性未成熟时呈淡红色，且左右常不对称，有分裂缺陷处。

⑤ 输精管：在精巢后端，很短、韧性很差。左右两管相汇合，通入泄殖窦。

⑥ 卵巢：一对，性未成熟的卵巢呈淡橙黄色，长带状，性成熟时呈微红色，长囊状，几乎充满整个体腔，内有许多小卵。

⑦ 输卵管：位于卵巢后端，很短，左右两管相汇合，通入泄殖窦。

（4）循环系统：细心地剪开围心腔。再观察鳃动脉、动脉球、腹大动脉、入鳃支脉和出鳃动脉。

① 静脉窦：心房和心室后侧的暗红色长囊，前壁与心耳相通。

② 心房：位于静脉窦的前方，呈红色的薄囊状。

③ 心室：在心房的前方，淡红色，倒圆锥形，壁较厚，收缩能力强。

④ 动脉球：紧接在心室的前面，为腹大动脉基部的膨大部分，呈圆形，壁厚，白色。

⑤ 腹大动脉：自动脉球向前发出的一条相当粗大的血管，位于左右鳃的腹面中央。

⑥ 入鳃支脉：由腹大动脉两侧发出的成对分支，共 4 对，分别进入鳃弓。

⑦ 出鳃动脉：与入鳃动脉相对应。

⑧ 脾脏：位于小肠前部背面，体积较大，细长，色深红。

（5）神经系统：内脏解剖完后，沿头与脊椎连接处中央，用剪刀插入，向前减去头盖骨，就露出白色的脑。脑分为 5 部分，其中大脑不发达，在前端有较为发达的嗅球，与大脑间有嗅神经相连，中脑部分明显，视叶之后为比较发达的单个圆形的小脑，小脑不分叶，其后有一对迷走神经，下接延脑，延脑后为脊髓。鲤鱼脑发出 10 对脑神经，取出时边剪断发出的神经，边计数，间脑很小，只能从腹面看到（图 3）。

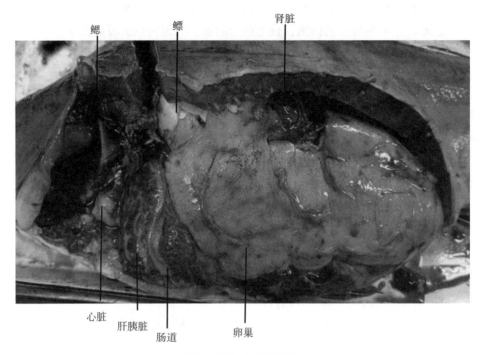

鳃　　　　　鳔　　　　　肾脏

心脏　　肝胰脏　肠道　　　卵巢

图 2　鲤鱼内部解剖图

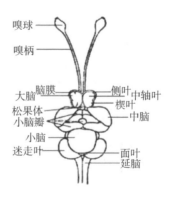

嗅球

嗅柄

脑膜　　侧叶　中轴叶
大脑　　　　　　楔叶
松果体　　　　　中脑
小脑瓣
小脑
迷走叶　　　　　面叶
　　　　　　　　延脑

图 3　鲤鱼大脑结构示意图

五、作业

1. 绘制鲤鱼的外形并标注。
2. 总结鱼类适应水生生活的主要特征并简述理由。

实验八　两栖纲动物观察及牛蛙的解剖

一、实验目的

1. 通过蛙的外形和解剖观察，了解脊椎动物由水生到陆生的过渡中，两栖动物在结构和功能上所表现出的初步适应陆生生活的特征。

2. 通过蛙的内部解剖和观察，掌握两栖动物各器官系统的形态构造及特点。

3. 学习双毁髓处死蛙的方法和蛙类的一般解剖技术。

二、实验内容

1. 蛙的解剖及其消化、呼吸和泄殖系统形态结构的观察。

2. 蛙神经系统的示范。

三、实验材料和用具

1. 材料：活牛蛙，蛙神经系统示范标本，牛蛙骨骼标本。

2. 器具：解剖盘、解剖剪、解剖刀、镊子、止血钳、解剖针。

四、实验操作及观察

（一）牛蛙的外形观察

取一只牛蛙置于解剖盘中，活的青蛙皮肤比较湿润，表面没有任何骨质或角质的覆盖物。蛙类皮肤裸露、湿润，表面有由皮肤腺分泌的黏液覆盖，有黏滑感。背面皮肤稍粗糙，色深；腹面皮肤光滑，色浅，整个身体可分为头、躯干和四肢3部分（图1）。

（1）头部：扁平，呈三角形，前端为口，上颌背面前端有外鼻孔1对，启闭与口腔底部的上下协调动作，完成呼吸运动。眼圆、大而突出，位于头的两侧，有上、下眼睑及瞬膜。上眼睑较厚，不能下降；下眼睑较薄，能向上移动与上眼睑闭合以掩蔽眼球。下眼睑内侧有一半透明的瞬膜（湿润、保护眼球）；眼的后方有1对圆形鼓膜，暗褐色，是中耳腔与外界接触的地方；雄蛙口角腹面两侧有1对声囊，为浅褐色皮膜凹陷，鸣叫时鼓成泡状，这是该类动物适应水陆生活的结构。

（2）躯干部：蛙类无明显的颈部，鼓膜之后即为躯干部。躯干部短而宽，背腹扁平，末端两腿之间偏背面有一小孔为泄殖孔。

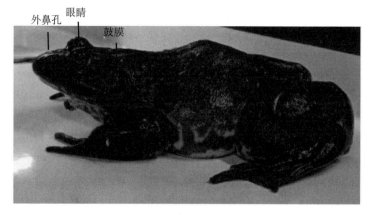

外鼻孔　眼睛　鼓膜

图1　牛蛙实物图

（3）四肢部分：蛙类具五趾型附肢。前肢短小，前肢4趾，趾间无蹼，趾尖具爪。生殖季节雄性第1趾基部内侧有一膨大突起，称为婚瘤，在抱对时用以抱握雌蛙。后肢长而发达，后肢5趾，趾间具蹼。

（二）牛蛙的内部解剖

双毁髓法处死牛蛙，具体操作如下。

左手握蛙，背部向上，中指抵住蛙胸部，拇指按住蛙背，用食指上抬蛙的头部，使头与脊柱相连处凹入。右手持解剖针，自两眼之间沿中线向后触划，当触到凹陷处即为枕骨后凹。将解剖针由凹陷处45°角刺入，将针尖从枕骨大孔向前穿入颅腔，并左右摆动切断脑组织。在毁脑后，将针退回枕骨大孔，然后向后与脊柱平行方向穿入椎管，捣毁脊髓（图2）。蛙四肢松软下垂，表明毁脑、毁髓成功（注意：防止被牛蛙后肢挠伤）。

将蛙置于解剖盘上，腹部朝上，四肢伸展后固定。用镊子提起腹面皮肤，用剪刀剪开一小口，并从小口处向前将腹面皮肤剪开，至下颌前端。向后剪至两后肢基部之间、泄殖孔稍前方。然后将皮肤向两侧拉开，可见皮肤与皮下肌肉连接松散，翻看皮肤内侧可见分布有丰富的血管。再用镊子提起腹部肌肉，用剪刀沿腹中线略偏左侧（避开腹大静脉）剪开腹壁至剑突，然后向左、向右剪开。小心剥离腹壁上的腹大静脉，再将腹壁向两侧翻开，暴露内脏。可见心脏位于体腔前端，外由包心膜包裹。心脏背面两侧之囊状器官为肺（有时肺囊会充气如吹胀的气球）。肝脏、胃等位于心脏的后方。观察完各器官系统的相对位置后，再在中间剪开肩带，并小心向左右两侧剥离，进行内部结构观察（原位观察）。

将已死的蛙（或蟾蜍）腹面向上置于蜡盘中，展开四肢，用大头针于腕部和跗部钉入，以将蛙（或蟾蜍）固定在蜡板上。

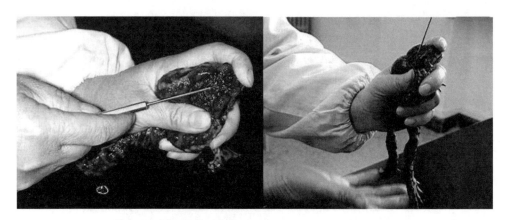

图2 双毁髓法处死牛蛙 (https://image.baidu.com)

（1）口咽腔：用镊子使蛙口张开，可观察到以下结构（图3）。

① 口腔齿：上、下颌边缘各有1行较细的颌齿。

② 内鼻孔：1对，位于口腔顶壁近吻端处。用解剖针从外鼻孔穿入，可见针尖由内鼻孔处穿出。

③ 舌：在口腔底部，前端着生于下颌前端内侧，舌尖向后伸向咽部，后端游离、分叉，捕食时可反转伸出口腔外。舌柔软、肉质，用手指触摸有黏滑感。

④ 喉门：位于舌尖后方，呈裂缝状，由1对半月形的软骨围成，两软骨间的裂缝即为喉门，为气管在咽部的开口，内通肺。

⑤ 咽（食道口）：位于口腔深处，喉门的背面，为一皱襞状开口，向后通食道。

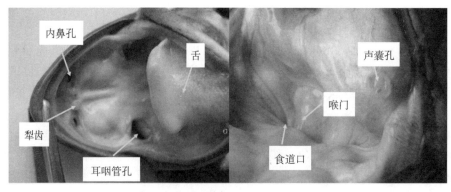

图3 牛蛙口腔内部解剖图（引自中国大学MOOC）

（2）消化系统。（图4、图5）

① 食道：用钝镊子由口咽腔的食道口（咽）向内插入，可见心脏背面有白

色短管与膨大的胃相通，此即为食道。

②胃：为食道后端连接的稍弯曲的白色膨大囊状结构，部分被肝脏所遮盖，位于心脏背面。

③肠：可分为小肠和大肠2部分。小肠自胃幽门开始，最前段为十二指肠，其后向右后方弯转并继而盘曲在体腔右后部，为空回肠。空回肠后端与大肠相连。大肠膨大而较短，又称直肠，末端通入泄殖腔，由泄殖孔开口于体外。

④肝脏：位于体腔前端心脏的后方，棕褐色，分为3叶，之间有绿色圆形的胆囊。

⑤胰脏：为1长条淡红色或淡黄色不规则的腺体，位于胃及十二指肠间弯曲处的肠系膜上。

⑥脾：在大肠前端肠系膜上，有一暗红色的小球，为脾。脾是淋巴器官。

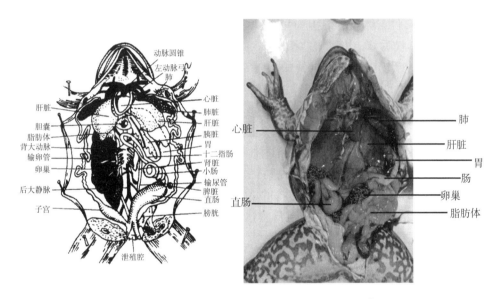

图4　牛蛙内部解剖图示意图（左）及实物图（右）

（3）呼吸系统：成蛙以肺和皮肤进行呼吸。呼吸系统包括鼻、口咽腔、喉门、气管和肺等。

①鼻：外鼻孔1对，空气由外鼻孔、内鼻孔进入口咽腔。

②气管：粗短，位于心脏背面、食道腹面，略透明。

③肺：在心脏背面有1对粉红色、薄囊状结构，即为肺囊。呈蜂窝状，其上密布血管，便于进行气体交换。

（4）泌尿系统：泌尿器官包括肾脏、输尿管和膀胱。

①肾脏：1对，深红色，长条形，位于体腔后部，紧贴于背壁脊柱两侧。

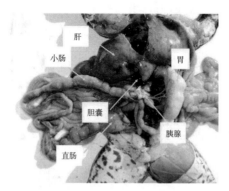

图5 牛蛙消化系统（引自中国大学MOOC)

② 输尿管：由肾脏外缘近后端发出的1对细长、红色管道。

③ 膀胱：位于体腔后端腹面中央，为薄膜状，分左右两叶。当膀胱被尿液充盈时，其形状明显；当膀胱空虚时，可用镊子将它展平观察。

（5）生殖系统：雌、雄牛蛙的生殖系统不相同，但它们都有黄色的指状脂肪体（图6）。

① 雄性生殖系统。

精巢：1对，淡黄色，长椭圆形，位于肾脏腹面内侧。

输精小管和输精管：用钝镊子轻轻提起精巢，对光观察可见由精巢发出许多细管（输精小管）通入肾脏前端。进入肾脏后经集合细管，再汇入输尿管，因此雄蛙的输尿管兼有输精的功能。

脂肪体：位于精巢前端的黄色指状体，其大小在不同季节变化较大。

② 雌性生殖系统。

卵巢：1对，位于肾脏前端。形状、大小、颜色等随季节不同而有较大的差异。未成熟时，卵巢较小，淡黄色。在生殖季节，卵巢发育良好，体积极度膨大，内有大量黑色、颗粒状的卵粒。位于肾脏的外侧，其中常可见到发育中的黑色卵粒。输卵管在卵巢的外侧，乳白色，长而弯曲，前端漏斗状，开口于肺的基部，在后膨大的部分称为子宫，左、右子宫汇合后开口于泄殖腔的背面。

输卵管：左右各1条，乳白色，位于输尿管外侧，迂迴弯曲以薄膜连接于体腔背壁，前端以喇叭口开口于肺的旁边，后端在接近泄殖腔处膨大为囊状，称为子宫。子宫开口于泄殖腔背壁。

脂肪体：1对，与雄性相似。临近冬眠时体积较大。

（6）循环系统：血液循环系统由心脏和血管组成。

① 心脏：位于体腔的前方，包于薄膜状的心包膜，如果是活蟾蜍，到此时还可以看到心脏仍在不断搏动。用手术剪小心剪开心包膜，观察心脏，心脏成圆

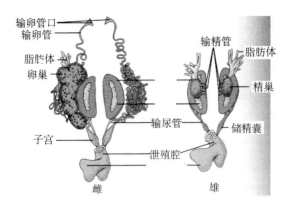

图6　牛蛙生殖系统结构示意图（引自中国MOOC）

锥形，基部为薄壁的囊，左侧为左心房，右侧是右心房，富于肌肉质的是心室（图7）。

②在心室腹面前方，有一个小的圆锥形结构，与心室相连，称为动脉圆锥。从动脉圆锥引出一条较短的血管，称为动脉干，血管在此分为左右两支，每支再分为三条动脉，即颈部动脉、肺皮动脉和体动脉。分别以其分支到达身体各部。体动脉与背柱同行的一段称为背主动脉。

③脾：为圆形构造，位于小肠和胃之间的肠系膜上，活体时为深红色。

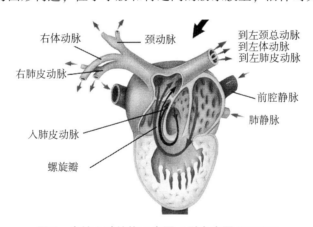

图7　牛蛙心脏结构示意图（引自中国MOOC）

（7）神经系统：除去动物背面的皮肤，用大剪刀剪去头骨和脊柱背面的骨片，可见到白色的物质，即为脑和脊髓。

从脑的背面观察，前部为两个略呈梨形的大脑半球，大脑之后，略为凹陷的狭小部分为间脑。间脑之后，有左、右两个圆球形的视叶，即中脑。两视叶之后的脑，形成倒三角形，它的前缘有一横列的构造，很不发达，即小脑，余下的脊髓之前的脑为延脑。

五、作业

1. 绘制出青蛙（或蟾蜍）泄殖系统结构图。
2. 分别总结出两栖纲动物适应水生生活和陆生生活的特征。
3. 总结出爬行纲动物适应陆生生活的特征。

实验九　鸟纲动物观察及家鸡的解剖

一、实验目的

1. 通过对家鸡解剖观察，认识鸟类各器官系统的基本结构及其与飞翔生活相适应的主要特征。

2. 学习解剖鸟类的操作技术。

二、实验内容

1. 家鸡的解剖。

2. 观察家鸡的肌肉、消化、呼吸、泄殖、循环和神经等器官系统的形态构造。

三、材料和用具

1. 材料：活家鸡、家鸡剥制标本。

2. 器具：骨剪、镊子、手术刀、剪刀、解剖盘、止血钳、解剖剪。

四、方法与操作步骤

家鸡的外形观察

每实验小组取活鸡一只，双手保定翅，使之静立于地板上，对鸡外形进行观察（图1）。

1. 外部形态

家鸡的身体可以区分为头、颈、躯干、四肢和尾部。身体表面覆盖有各种羽毛。

头部：头顶有肉冠，腹面有肉垂，上喙基部有外鼻孔。眼有上下眼睑和瞬膜。耳孔位于眼后方，有耳羽覆盖。全身被羽毛。

颈部：长且转动灵活。身略呈卵圆形，腹部具有发达的龙骨突和胸肌，尾部短小。

躯干部：着生四肢，前肢特化为翼，后肢蹠跖部被角质鳞，4趾，3趾向前，1趾向后，趾端具爪。雄体蹠跖部后面有距。尾短，背面有尾脂腺，下面有泄殖腔孔。

尾部：位于躯干部后端，缩短为小的肉质突起，其上着生尾羽，飞翔时具有控制方向的作用。拨开尾部羽毛，尾的背面上有一个突起的尾脂腺，尤其是水禽类特别发达，尾下是泄殖孔（排泄和生殖）。

羽毛为鸟类特有，着生于一定的区域，凡着生有羽毛的部位称为羽区，没有着生羽毛的部位称为裸区，羽区和裸区在褪去羽毛后更易看清。羽色按其结构可分为三种，即正羽、绒羽和纤羽。正羽是由羽轴、羽瓣和羽根组成，具有飞翔、美化、保护等作用；不形成羽片的称为绒羽，绒羽羽毛松，它分布全身，主要起保温作用；纤羽也称毛羽状，分布于全身，散生绒羽之间，以颈部、背部最多，褪去羽毛更易看到。

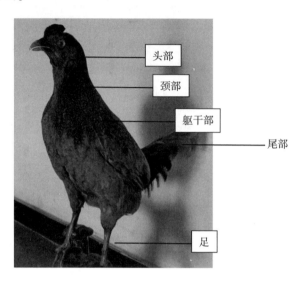

图1 鸡外形实物图

2. 内部解剖

外形观察完毕，一个人保定翅膀、足，一个人用拇指、食指夹住喙及鼻孔，使鸡窒息而死。褪去羽毛后，用冷水多次冲洗干净，同时使血液冷却凝固进行解剖观察。

用解剖剪沿腹中线剪开皮肤并向前剪至颈部，向后至泄殖腔前缘，并将皮肤和肌肉分开。观察胸肌，胸大肌发达，是主要的飞翔肌，位于浅层，起于龙骨突起，止于肱骨的腹面，收缩时收翼；胸小肌位于深层，起于龙骨突起，止于肱骨的背面，收缩时展翼。将大、小胸肌分别从起点处剥离，交替上下拉动，观察翼的运动方向，以了解它们对翼的作用。沿正中线从胸骨下端至肛门切开腹壁，再沿最后肋骨后缘向外侧切开，从腹壁两侧沿着肋骨关节向前将肋骨和胸肌剪开，一直把乌喙骨和锁骨剪断为止。最后用左手握住胸骨，向前翻向头部，这时整个胸腔和腹腔器官就都清楚地显示出来。

（1）呼吸系统（图2）。

①气囊：从肺扩张分布于内脏器官之间的薄膜的囊，从气管处剪开一个小口将吸管插入轻轻吹气后非常明显。鸟类有颈气囊、前胸气囊、后胸气囊、腹气囊各一对和单个的锁骨气囊，其中以后胸气囊为最大，气囊一是重量轻，二是利于鸟类双重呼吸，三是减少内脏之间的摩擦而适应飞翔生活的结构。

②内鼻孔：用剪刀剪开口角，打开口腔，在口腔背壁中央，有一条狭长的纵裂，即为内鼻孔，它与外鼻相通。

③喉：软骨支架为环状软骨和勺状软骨，两条支气管的分叉处形成鸣管。

④肺：位于胸腔背侧部，呈扁平椭圆形或卵圆形，内侧缘厚，外后缘薄，背面嵌入椎肋骨之间，形成肋沟，肺门在腹侧面，同时还有口与气囊相通，肺不分叶。

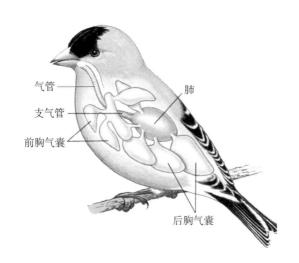

气管　　肺　　支气管　　前胸气囊　　后胸气囊

图2　鸟类呼吸系统结构示意图（引自中国大学MOOC）

（2）循环系统

先找到心脏，小心剪开心包膜，不要弄破心脏和血管。心包膜中有少量无色的心包液，如果心脏发生炎症，心包膜会增厚肿大，心包液增多。

①心脏：位于胸腹腔前部，外被心包。心脏前方薄壁的部分是左右心房，后方壁厚的部分是左右心室。左房室口有二尖瓣，右房室口有肌肉瓣。

②动脉：管壁厚有弹性，略呈白色。观察之前用镊子小心除去动脉外的脂肪组织。由左心室发出主动脉，主动脉离开心室不远即向右弯曲，形成右体动脉弓，其基部分出两条无名动脉，每条无名动脉又向前分出内外颈动脉，向左右两侧分出锁骨下动脉和胸动脉。右体动脉弓绕过右支气管向后弯曲，沿脊柱腹面向

后行，成为背大动脉，背大动脉发出许多血管到内部器官。由右心室发出肺动脉分两支入肺。

③静脉：静脉管壁薄，暗红色。心脏背面有一条从后面来的粗大的后腔静脉，前面有两条前腔静脉，它们均与右心房相连。

④脾脏：为紫红色卵圆形结构，位于腺胃右方、肝脏下方的系膜上，是造血器官。

（3）消化系统（图3）。

①消化管：包括口腔、食道、胃、十二指肠、小肠和直肠（大肠）。

口腔：无唇、颊、齿，软腭，与咽无明显区别，有喙，分上、下喙，呈角锥形，下颌有一舌。

嗉囊：气管背部，进入胸腔之前食道膨大形成嗉囊。嗉囊软化和暂时储存食物，部分发酵分解食物。

胃：分明显的两部分，腺胃和肌胃。

腺胃：呈纺锤形，胃壁较厚，分泌大量消化液。

肌胃/肫/沙囊：形状如圆形或椭圆形，很厚的肌肉质壁，内具角质层，机械性消化部位。

小肠：包括十二指肠和空回肠。

十二指肠：形成长的"U"形弯曲。

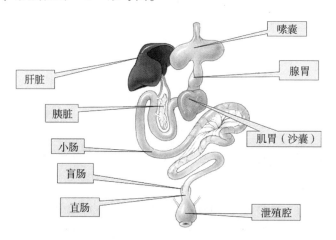

图3 鸡消化系统结构示意图（引自中国大学MOOC）

空回肠：以肠系膜悬挂于腹腔右半，末段以系膜与两盲肠相联系。

大肠：包括一对盲肠和直肠。

盲肠：一对，长，沿回肠两旁向前延伸，盲肠颈较细。

直肠/结直肠：短，无明显的结肠。

泄殖腔：为消化、泌尿、生殖系统的共同通道，略呈球形，向后以泄殖孔开口于外。

② 消化腺：有肝脏、胰脏等。肝脏为左、右两叶，在右心叶背侧有一个呈长圆柱形的深绿色的胆囊，有左、右输胆管通入十二指肠。

（4）泌尿生殖系统。将消化系统移至一侧（不要割掉或拉下来），进行下面的观察。

① 泌尿器官。

肾：较大，淡红至褐红色，质软而脆。位于腰荐骨两旁和髂骨的内面。形狭长，可分前、中、后三部分（图4）。

输尿管：为一对细管，从肾的中部走出，沿肾的腹侧面向后延伸，灰白色。无膀胱。肾脏前内侧有一对黄褐色的肾上腺。

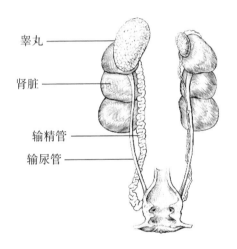

图4 鸡肾脏结构示意图

② 生殖器官（图5）。

A. 雄性生殖系统。

睾丸：在体腔内，左肾的前部下方，生殖季节发育大，颜色由黄色变为浅黄或白色，无睾丸小隔和纵隔。

输精管：与输尿管并列而行，向后逐渐加粗（壁内平滑肌），终部变直，扩大呈纺锤形，埋于泄殖腔壁内，形成乳头在输尿管口下方。

B. 雌性生殖系统。生殖器官仅左侧充分发育并具有功能，大多数鸟类仅左侧卵巢和输卵管发育并具功能，右侧卵巢在早期胚胎发育过程中也曾经形成，但后来退化了。成熟的卵巢，卵细胞突出卵巢表面，因而使卵巢呈一串葡萄状。

卵巢：在左肾前部及肾上腺腹侧。幼禽为扁平椭圆，以后变颗粒状，成禽有卵泡液，排卵后不形成黄体。

输卵管：

漏斗部——受精；

膨大部——卵白分泌部；

峡部——分泌壳膜；

子宫部——分泌卵壳；

阴道部——分泌外膜（肌肉发达）。

（5）神经系统：用骨剪打开头盖骨，脑以大脑半球和小脑两部分最为明显，大脑半球很大，呈三角形，掩盖了间脑和中脑，大脑半球的最前突起为嗅叶，大脑半球后是小脑，小脑后是延脑。

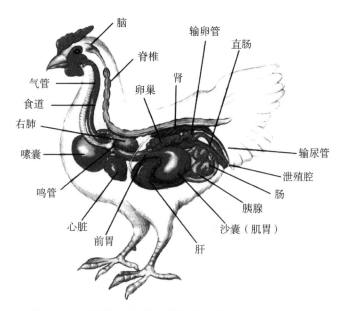

图5　鸡内部结构示意图（引自中国大学 MOOC）

五、作业

1. 通过鸟类的观察和解剖，总结鸟类适应飞翔的主要特征。

2. 绘制家鸡的消化系统解剖图。

实验十　哺乳纲动物观察及家兔解剖

一、实验目的

1. 通过家兔的解剖，学习家兔的抓取、处死和一般解剖的方法。
2. 通过家兔外形和内部构造的观察，了解哺乳类的一般特征。

二、实验内容

家兔的解剖与观察。

三、材料与用具

1. 材料：家兔、家兔剥制标本、哺乳类剥制标本。
2. 器具：手术剪、骨剪、手术刀、止血钳、10 mL 注射器、解剖盘、药棉。

四、实验的操作步骤与方法

（一）家兔的外形观察

实验家兔抓取时，轻轻开启兔笼门，勿使兔受惊，然后用右手伸入笼内，从兔头前部把两耳轻轻压于手掌内，兔便匍匐不动，将颈部的被毛连同皮一起抓住提起，再以左手托住臀部，使兔身的重量大部分落在左手掌上。不得单手倒提兔臀部、单手提兔背或提兔耳，否则会分别伤两肾、造成皮下出血及伤两耳。放于实验台上，双手保定，按实验指导的顺序进行观察。

兔全身被毛，毛的颜色各异，分 3 种类型。

① 针毛：长、韧、疏，有毛向，保护作用。

② 绒毛：细、短、密，保暖作用。

③ 触毛：由针毛特化而成，具特殊功能。比如须着生在口边，具有触觉作用。

体区的划分：头、颈、躯干、四肢和尾。躯干可分为背、胸和腹部。四肢位于身体的腹侧下方（图 1）。

1. 头部

眼以前为颜面区，眼以后为头颅区。颜面部有横裂的口，口有肌肉的唇在周围，口的上颌中央有一纵裂将上唇分为两半，因而门齿露出。上唇的上方有一对鼻孔，鼻和口的周围有长而硬的毛叫触须，具感觉作用。眼有能活动的上下眼睑和退化的瞬膜。耳具长的外耳壳。

2. 颈

颈较粗短，连接头部和躯干，一般的其颈椎是 7 枚。

3. 躯干和尾

兔的躯干长，微呈弓形，末端有一短尾。尾基下有肛门。公兔的肛门前方有一被包皮的阴茎，有泌尿、生殖作用。成年兔的阴茎两侧有睾丸一对，呈长圆锥形。母兔的泌尿、生殖孔开口于肛门前的阴道前庭，呈宽缝状，躯干和腹侧有多对乳头。

4. 四肢

前肢较短，五趾型；后肢长而粗壮，四趾型，便于奔跑。所有的趾上都有爪，便于打洞，为跖行性动物。

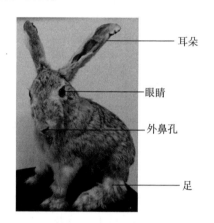

耳朵

眼睛

外鼻孔

足

图 1　兔外形实物图

（二）内脏解剖观察

1. 处死

外形观察完毕，用注射器向耳缘静脉注射空气致死，具体操作如下。

取 10 mL 注射器，抽入空气待用。用手指揉兔外耳沿，以使静脉血管暴露。左手持兔耳，右手持注射器，将针头插入静脉血管。如注射阻力大或血管未变色或耳局部组织肿胀，表明针头未刺入血管，应拔出重新刺入。注射完毕，抽出针头，按压针孔。随着空气的注入，兔经一阵挣扎后，瞳孔放大，全身松弛而死（图 2）。注意：从耳缘静脉的远端开始注射。

【操作要点】

·针刺入点应在近耳尖耳缘静脉远心端，以便一次注射不成功时，针刺点向静脉近心端渐移。

·拔出针头以后，右手指按压针孔处。

·针刺入静脉后应注意将针头稳定在静脉内，以免注射过程中针头刺穿血管壁。

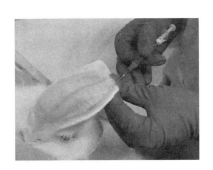

图2 兔耳缘静脉注射空气

2. 剥离皮肤

用棉花蘸清水润湿腹中线的毛，用剪毛剪沿腹中线剪去泄殖孔前至颈部的毛。剪下的毛浸入废物杯中的水里，以免满室飘散。

左手持镊提起皮肤，右手持手术剪沿腹中线自泄殖孔前至下颌底将皮肤剪开，再从颈部向左右横剪至耳廓基部，沿四肢内侧中央剪至腕和踝部。

左手持镊夹起剪开皮肤的边缘，右手持手术刀，刀刃侧向皮肤划开皮肤和肌肉间的结缔组织，将皮肤剥离肌肉。注意：在前肢、颈部和头部时要小心，该处有许多大血管在外表分布。

沿腹中线自泄殖孔前至横膈剪开腹壁，沿胸骨两侧各1.5 cm处用骨剪剪断肋骨至第2肋骨，用镊子轻轻提起胸骨，用另一镊子仔细分离胸骨内侧的结缔组织，再剪去胸骨体。从中线剪开第1胸肋。暴露并原位观察兔颈部及胸、腹腔内脏器官的自然位置。

【操作要点】

剪开胸、腹壁时，剪刀尖应向上翘，以免损伤内脏器官和血管。

分离胸骨内侧结缔组织至胸骨柄，及剪断第1对肋骨的胸肋段时，须特别细心，以免损伤由心底部发出的大动脉。

3. 消化系统（图3）观察

（1）消化管：沿口角剪开颊部，并剪开上下颌关节。用力掰开上下颌，暴露口腔和咽喉。

① 口腔：口腔前壁为上下唇，两侧壁是颊部，顶壁的前部是硬腭，后部是肌肉性软腭，软腭后缘下垂，把口腔和咽部分开。口腔底部有发达的肉质舌。软腭后方的腔为咽部。近软腭咽处可见1对小窝，窝内为腭扁桃体。咽部背面通向后方的开孔是食道口，咽部腹面的开孔为喉门。

② 食管：气管背面的一条直管，由咽部后行伸入胸腔，穿过横膈进入腹腔

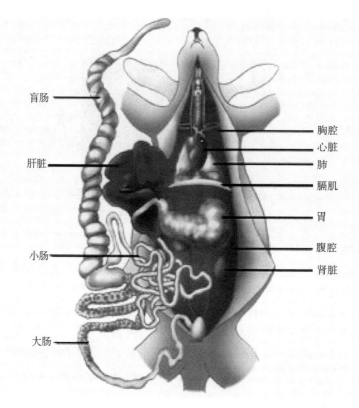

图 3　兔内部解剖示意图

与胃连接。

③胃：囊状，一部分被肝脏覆盖。与食管相连处为贲门，与十二指肠相连处为幽门。胃的前缘称胃小弯，后缘称胃大弯（在胃大弯左侧一狭长形暗红褐色器官为脾脏，属淋巴器官）。

④肠：分小肠与大肠。小肠又分十二指肠、空肠和回肠。十二指肠连于幽门，呈"U"形弯曲；空肠前接十二指肠，后通回肠，是小肠中最长的一段，形成很多弯曲，管壁淡红色；回肠盘旋较少，颜色较深，空肠和回肠没有明显的界限，空肠管径较粗，管壁较厚，血管较多，颜色较红；而回肠管径较细，管壁较薄，血管较少，回肠后接结肠。大肠包括结肠和直肠。回肠与结肠相连处有一长而粗大发达的盲管为盲肠，其表面有一系列横沟纹，游离端细而光滑称蚓突（也就是我们说的阑尾）。回肠与盲肠相接处膨大形成一厚壁的圆囊，为兔所特有的圆小囊。结肠后接直肠，直肠内有粪球，直肠末端以肛门开口于体外。

（2）消化腺。

唾液腺：4 对。

耳下腺（腮腺）：位于耳壳基部的腹前方，紧贴皮下的不规则的淡红色腺体即是耳下腺。剥开该处的皮肤即可见。

颌下腺：下颌后部腹面两侧的 1 对浅粉红色卵圆形腺体。

舌下腺：用镊子将舌拉起，将舌根部剪开，使之与下颌离开，在舌根两侧左右颌下腺上方的 1 对较小的、呈扁长条形的淡黄色腺体。

眶下腺：用镊子从眼窝底部可夹出的粉红色腺体。

肝脏：红褐色，位于横膈膜后方，覆盖于胃。肝有 6 叶。胆囊位于右中叶背侧。以胆管通十二指肠。

胰脏：散在十二指肠弯曲处的肠系膜上，分布零散而不规则的腺体，展开十二指肠 "U" 形弯曲处的肠系膜即可见。

4. 呼吸系统观察

鼻腔和咽：鼻腔前端以外鼻孔通外界。咽位于软腭后方背面。

喉头：位于咽的后方，将连于喉头的肌肉除去以暴露喉头。喉头由若干块软骨构成，喉腔内侧壁的褶状物即声带。

气管及支气管：喉头之后为气管，管壁由许多半环形软骨及软骨间膜所构成。气管到达胸腔时，分为左右支气管而进入肺。

肺：位于胸腔内心脏的左右两侧，呈粉红色海绵状。

5. 排泄系统观察

肾脏：1 对，红褐色的豆状结构，紧贴于腹腔背壁，脊柱两侧。肾脏前缘内侧各有 1 个黄色小圆形的肾上腺（内分泌腺）。

输尿管：由肾门各伸出一白色细管即输尿管，沿输尿管向后清理脂肪。

膀胱：输尿管进入膀胱。膀胱呈梨形，其后部缩小通入尿道。

尿道：雄性尿道很长，兼作输精用。

6. 生殖系统观察

（1）雄性生殖系统：睾丸 1 对，白色卵圆形，非生殖期位于腹腔内，生殖期坠入体外阴囊内。生殖期在膀胱背面两侧找到白色输精管。睾丸背侧有一带状隆起为附睾，由附睾伸出的白色细管即输精管。输精管沿输尿管腹侧行至膀胱后面通入尿道。

（2）雌性生殖系统：卵巢 1 对，椭圆形，淡红色，位于肾脏后方，其表面常有透明颗粒状突起。输卵管 1 对，为细长迂曲的管子。输卵管后端膨大部分为子宫。

7. 循环系统观察

心脏位于胸腔中部偏左的围心腔中，剪开围心膜，可见心脏近似卵圆形，其前端宽阔，与各大血管连接部分为心底，后端较尖，称心尖。在近心脏中间有一围绕心脏的冠状沟，沟后方为心室，前方为心房。左、右心室的分界在外表表现为不明显的纵沟。

8. 神经系统观察

将头顶的皮肤、肌肉切开，用颅骨钻、骨剪等除掉头盖骨，用眼科剪剪开硬脑膜，使脑露出，进行下面观察。

脑和脑神经：兔的脑以大脑部分最发达，呈梨形，表面光滑，从中央裂为两个大脑半球，中间由胼胝体连接。大脑半球的最前缘两个突起为嗅球，大脑后缘将间脑和中脑覆盖，用镊子尾部掀起大脑皮层，可见到中脑背面的四叠体。在大脑之后是小脑，可分为中央的蚓部和左、右小脑半球。在小脑处发出很多脑神经，在小脑之后是延髓，延髓之后是脊髓。兔的脑神经有 12 对，分别是"一嗅二视三动眼，四滑五叉六外展，七面八听九舌咽，十迷一副舌下全"。同学们仔细、小心地把脑从颅腔中取出，边取边剪断脑神经，还要边记数，看你能找到多少对脑神经。

脊神经：从脊髓发出很多成对的神经。

五、作业

1. 通过实验观察，总结哺乳纲的主要特征。
2. 绘制家兔的外形图或解剖图，并标注。

第二篇　塔里木盆地动物学野外实习

第一章　动物学野外实习概述

一、动物学野外实习的目的及意义

　　动物学野外实习是动物学综合教学体系中一项重要的教学内容，是动物学教学中不可分割的重要组成部分，是理论联系实际，巩固和扩大课堂教学内容的重要环节，是实现由知识转化为能力的有效途径。通过实习可以进一步培养学生的独立工作能力和动手能力，观察、分析、解决实际问题的能力，训练学生掌握野外调查和研究方法，提高学生科学研究的意识和素质，培养科学研究能力及创新思想，促进学生对生物学理论知识的联想和理解，增强学生对自然界生物结构、生命现象进行探索的兴趣和思维的自觉性。通过实习可以使学生充分地认识生物多样性，扩展视野，增加学生对宏观生物学的感性认识，在培养学生科学研究及协作、协调能力、提高综合素质方面具有重要作用；实习也是培养学生团队合作精神、生态文明观和开展爱国主义教育的有利途径。

二、动物学野外实习对学生提出的要求

（一）走进自然，体验干旱半干旱区的各种生境

　　综合实习遵循了从实践中来到实践中去的认识自然过程，在此过程中，要求学生：了解塔里木盆地的土壤、地形、地貌、气候特征、主要植被类型及各群落生境的特点；了解荒漠、湿地、绿洲动植物区系的特点；识别各主要生态环境中常见的、有代表性的及珍稀动物种类，掌握它们的基本特征、分类地位，认识它们的形态、结构、行为习性、生理机能与环境之间的关系；掌握生物标本采集、培养、鉴定和保存等相关知识，以及完成野外调查研究相关工作的知识。

（二）方法学习是野外实习的重要任务

　　野外实习要求学生学习动物学野外研究方法。学生要学习动物学有关资料和图件的收集与分析方法；学习利用实地观察法、路线调查（或概查）法、访谈调查法、抽样调查法、问卷调查法等方法观察、识别动物，调查动物的数量以及栖息环境；能够综合运用生物标本采集、培养、鉴定、制作和保存等方法完成标本的整理工作；掌握描述与记载动物及其生态习性的方法；学习动物数量统计的基本方法等。

（三）综合素质的锻炼是野外实习的重要目标

　　面对野外多变的环境条件，要完成相应的实习任务，除了对专业知识水平、

素质的要求以外，还要具备人身安全、环境保护、与不同习俗和文化背景的人打交道等相关知识，要有吃苦精神以及团队协作精神，积极开展自主探究性学习和理论与实际的融会贯通，提高自我理论联系实际及分析、解决问题的能力，使自己获得相关体验，强化科研意识，提高初步科研能力。实习过程是一个综合考验学生综合素质和能力的过程。

三、国内动物学野外实习的现状

（一）传统的动物学野外实习

传统的动物学野外教学是一种验证型的教学模式，将课堂上的理论知识与野外实际或生产实践相结合，通过野外观察来验证书本知识，从而达到巩固理论知识的目的。实习的任务主要包括动物种类的辨认以及标本的采集、制作等。

（二）研究型动物学野外实习以全面培养学生的智力和能力为主要目标

不仅注重验证和巩固书本知识与理论知识，更加重视理论知识的应用，强调整个过程学生的参与和学习，激发学生的学习兴趣和创造力，发挥学生学习的主动性，培养学生的团队精神和协作意识。

根据多年实践，研究型实习可以如下操作：外出实习前 1 个月左右，教师对实习提出明确要求；介绍实习点、实习路线的自然地理情况、动物多样性、动物栖息地现状、动物资源利用与保护现状；结合实习要求介绍资料查阅方法以及范围；讲解专题研究报告（科技论文）、调查研究报告的格式和撰写方法；组建学生合作小组，学生 4~8 人，男女搭配、自由组合成立动物学野外实习小组，根据实习路线及实习点实际情况，在教师指导下，小组合作查阅资料，拟订若干研究课题以及相应课题实施方案。

教师组织各小组进行讨论交流，各小组对研究课题的目的、研究现状、研究方法、实施计划、预期结果等进行讲解并回答师生提问。各组根据讨论结果进一步查阅资料，修改完善所选课题的实施方案。

实习前夕，教师公布详细的实习计划和日程安排，并要求各组人员进行具体分工。之后师生进行野外实地调查和研究，以及室内的相关工作。在实习中以小组为单位及时对所得标本、图片、资料进行整理、分析，实习期间每天及时召开小组以及全班总结会，对阶段性成果进行交流总结，找出不足，完善课题实施方法。

回到学校后各组进一步进行数据处理和资料整理，并开始撰写专题论文以及实习综合报告，教师对各组的论文、报告进行初审，提出具体修改意见，各组学生对论文认真修改和补充，做到论文格式化和标准化，之后各组正式提交专题研究论文，教师再次审查后，组织学生答辩交流。之后，教师和学生小组根据各小组完成的标本采集、记录、识别种类，学生平时的实习表现，专题论文、综合报告完成情况对学生动物学野外实习进行综合考评。同时，开展系列总结活动，例如，召开总结大会，总结实习中的经验及不足，提出今后野外实习工作的具体意见和建议，安排成绩优秀的小组进行报告、交流经验，对实习中的成果（标本、照片、论文、优秀事迹等）进行展览宣传，并向有关刊物推荐优秀论文稿件。

四、动物学野外实习的方案

（一）实习计划的制订

科学的实习计划是实习工作顺利进行的重要保证，实习计划的制订在很大程度上关系到整个实习工作的全局。因此，在动物学野外实习工作之前必须制订详细可行的实习计划。

1. 动物学野外实习计划必须以动物学教学大纲、实习大纲为依据，严肃、认真地进行制订。大纲是根据培养目标，经过充分论证，具体规定了实习教学的总要求、内容和标准，因而是组织实习教学的决定性依据。因此，要认真研究实习大纲，使计划充分体现实习大纲的目标、内容。

2. 在计划制订前就必须明确意识到，计划一经系、院、校批准，正式实施，无特殊情况，就必须遵照执行。要强调计划的严肃性，不能因师资力量不足、经费紧张等情况而出现随意性，影响学校的办学质量。同时，计划要具有科学性，符合动物活动规律以及学生实际情况，处理好理论与实践的关系，认真安排，精心组织，使实习活动的安排符合学科特点以及学生认知发展的规律。

3. 计划要周全并具有可操作性。制订的野外实习计划应具体包括实习的目的、内容、形式、地点、日程安排、指导教师、经费预算、考核办法、野外驻勤的管理、动物资源以及环境保护等。制订的计划应考虑实习路线以及实习点的环境、物种多样性、安全、人员情况等直接影响制约着实习活动开展的因素。在制订实习计划时，对于首次或新开辟的实习地点，指导教师应提前做到实地踏勘，研究和确定实习的具体路线和实习内容，然后根据实习班级的实际情况充分考虑实习点条件。外地野外实习要提前做好学生实习期间的食宿安排。现有的条件要充分运用，缺乏的条件要尽可能创造，实在无法解决的要采取变通的办法，进行周密安排，使实习计划符合实际，便于操作。

4. 计划要目标明确，责任到人。明确的目标具有导向功能和激励功能，可以调节人们的行为，也为实习考评提供了依据。在制订实习计划时，实习生要完成的任务及达到目标的具体要求都要明确规定。同时，实习指导教师和各有关部门及单位的具体工作目标也要明确，使各项工作能围绕实习目标进行。如标本识别的数量以及所要达到的要求就要明确规定，学生在实习时就有一个完成的目标，有关部门在检查实习效果时也就有了参照的标准。有了明确的目标，还要进行合理的分工和安排，各项工作都要有明确的负责人。特别是在野外实习点期间，指导教师和实习单位配合人员、当地向导等之间更要有具体的合理分工和安排，实行岗位责任制，双方互相配合，共同指导，但又职责明确，相互之间既不互相推诿，也不各行其是，使实习能有条不紊地开展。

5. 计划要强调统一性，注重灵活性。计划的统一性主要是指导思想、目的任务、基本要求、实习内容、某些规章制度等方面要一致，才能保证每个学生达到实习的目标要求。在强调计划统一的同时，要考虑到学生个体的差异性和野外突发事件的具体情况，在保证实习质量的前提下，使计划保持一定的灵活性。

（二）研究课题的确定与实施

科学研究是创造知识和运用知识的探索活动。《中华人民共和国高等教育法》第十六条第二款规定："本科教育应当使学生比较系统地掌握本学科、专业必需的理论、基本知识，掌握本专业必要的基本技能、方法和相关知识，具有从事本专业实际工作和研究工作的初步能力。"这里包含着两个明确的定位，首先是将大学本科生科学研究能力定位于其能力结构不容忽视的组成部分；其次是对其科研能力的要求定位于"初步"。然而，目前在我国高等教育中，大学生科研活动在高校科研工作中基本处于松散、自发和边缘化状态。特别是地方性院校的大学生其科研水平层次更低，究其原因，一是由于学校的条件局限、师资科研指导力量有限、部分学生缺乏主动向知识经验丰富的教师或同学请教的意识，这些学生往往不能把握本学科最新发展动态，不能关注到相关学科的知识迁移。二是缺乏广泛的沟通和对社会全面的了解，导致他们的研究目标不够明确。三是由于缺少科研的技能，很多灵感只能昙花一现。四是由于知识应用能力弱，学科之间缺乏整合。所以，在大众教育下，培养和发展大学生的科学研究能力是一项十分艰巨的任务。

在课程中对学生实施科研训练，实际上是在教师的指导下把学生初步的科研活动与相关课程的学习有机结合起来，培养其创新能力的一种教学模式。由此可见，在教学的同时开展科研训练并非独立、完整的科研活动，主要还是一种探索性学习。其核心是抓住与学科、专业有关的科研环节强化训练，通过初步科研活动的尝试，使学生获得相关体验，强化科研意识。实习地一般生境及资源都比较丰富，内容涵盖面大，易于寻找科研切入点，同时可把部分调研工作与实习同时展开，还能保证人手，节约经费。所以，在野外实习中要努力培养大学生的科研意识和科研素养，并且通过课题研究来进行实习，可以让学生个人及小组有明确的目标，变被动实习为主动探究。在实习中开展课题研究最关键的是选择确定研究课题，制订出具体可行的实施方案。研究课题的选择，一方面可以由教师多探索实习地的科研项目，指导学生参与自己的课题或者由教师立题，学生去独立观察，查找资料，写出研究报告；另一方面可以由教师根据实习点的动物物种多样性、生态多样性、环境的改变对动物的影响等多方面来指导学生选题；还可以采用教师带学生参观往年学生实习的成果（标本、论文），启发学生自己提出科研课题或者由学生根据资料查阅情况广开思路，在老师的指导下自己设计课题。研究课题的确定需要在小组内进行讨论，在班级内进行答辩，师生双方根据实习点的实际情况、本校的实验室设备条件以及学生的完成能力等综合评价，最后确定具有科学性、可操作性的选题。动物学野外实习科研方向选择应该注意可操作性强、符合学生实际研究水平。例如，动物的科属分布、环境保护、资源调查与利用、动物栖息地环境与动物生存关系、水资源利用、虫鼠害防治等。结合几年来的实习实际，可以根据以下方面进行课题选择。① 水库湖塘浮游动物调查、底栖动物调查、湿地浮游动物调查、河流软体动物调查、甲壳类动物的区系特征及其分布、鱼类资源调查、湿地鸟类资源调查分析。② 昆虫资源调查、不同植被类型昆虫组成调查、灯诱昆虫主要种类；两栖动物种类及数量调查、爬行动物种类及数量调查、两栖爬行类动物资源及区系特点研究；鸟类资源调查、园林鸟类调查；野生脊椎动物区系与分布特征研究、小型啮齿动物数量调查。③ 实习点（自然保护区）不同耕作方式对菜地土壤动物种类组成及多样性的影响、校园鸟类群落与多样性分析、动物浸泡标本的制作探究、食用昆虫资源开发利用的现状与对策、节肢动物种类调查及害虫防治建议、动物标本室鸟类标本的名录与整理等。

研究课题一旦确定，就必须制订详细的实施方案。它包括以下几方面。① 问题的提出。这部分主要是提出问题并进行论证，目的在于揭示所选课题的价值和课题的研究方向、研究重点等问题。内容主要包括课题的目的和意义、课题有关的国内外研究情况和立题的理论或实践上的依据，可以用课题研究的必要性和可能性来表述。② 研究目标与内容。研究目标是通过一定的措施所达到的预期目标。研究内容是总目标的进一步具体化。③ 研究方法。也就是研究的方式与方法。不同类型的课题采取的方法也不同，具体的有实验研究、调查研究和观察研究等。根据研究需要，一个课题有可能综合运用多种方法。④ 研究步骤。主要是说明研究过程的具体实施步骤和时间安排，课题研究的步骤一般包括以下五个基本阶段：选择和初步论证课题；制订研究方案；实施研究，搜集资料；数据整理和资料分析；总结结果，完成研究报告。在研究进程中，每个阶段都必须围绕着课题目标，明确该阶段的任务、目标，提出具体研究计划和时间安排。⑤ 预期成果。它是对课题研究之后取得的效果的表述，可以通过调查报告、研究报告、论文等多种形式表述。⑥ 课题保障。包括研究资料、研究仪器设备、研究时间等条件。

五、实习的方式

实习的基本方式是观察、调查、采集、记录与实验分析整理。根据实习业务特点可以分为室内业务和室外业务，根据实习地点特点可以分为近郊实习、实习基地实习等。

（一）实习业务

从实习业务特点来看，实习工作包括室外业务和室内业务。

1. 室外业务

室外业务一般进行野外现场观察、采集、统计、测绘、走访等。在此过程中，首先，教师要结合学生所选专题有计划地进行观察、搜集材料、拍摄照片、录像等技能培训指导。其次，野外采集、观察前要了解各种动物的活动节律及情况，可以在不同气候、地点和一昼夜的不同时间段进行采集观察；采集的材料要符合标本制作要求。再次，认真地进行正确和系统的记录描绘，是野外实习工作顺利进行的必要条件。观察所得要及时记录，切不可遗漏和用头脑暂时记录，野外所搜集的材料或者样品要按照事先准备好的记录表格进行记录，同时在盛放标本或样品的容器上也应该有同样的编号，不可混淆，标签用铅笔或碳素笔书写；每一次的记录都要按照顺序作系统记录和年、月、日、时、编号及气候、栖息环境条件，如畜牧场、居民点、地域植被特点记录；每到一个新的工作点，都要记录、观察测定的数据，列举观察动物的名称及观察结果，以后结合室内工作进行整理、记录。记录还可以采用绘图的辅助方式，绘制简单的实习地点平面图，标明生态环境的轮廓和专题研究地点较为详细的平面图。图上要有规定的符号，如灌木、乔木、鸟巢、采食地等，并与标本一起注明方向、地名和日期。

2. 室内业务

室内业务包括以下几方面。① 对标本进行外部、内部的更加详细的观察与研究。对动物内部结构、生态习性、生活行为等进行补充观察，模拟动物栖息地环境条件饲养某些小动物。② 根据相关检索表以及有关图书资料对所采集的标本进行鉴定。一般鉴定至目，一部分可以鉴定至科、属、种。③ 将所采集的标本以及取样数据进行重量测定、外形测量，卵、胚胎数的统计以及相关数量统计，并填入相应表格中。④ 修补、固定、制作、保存标本。⑤ 整理和修改实习记录，结合实习研究课题进行资料分析、总结。

（二）实习地点

1. 近郊实习

由于动物的组成、分布和活动规律有着明显的季节差异，在一年中，不同的季节动物的种类以及活动规律、动物在生活史中所处的状态都有所差异。所以，如果条件许可，可以把动物学野外实习训练分为集中与分散实习，结合课程利用周末、节假日，选择不同的季节，每次安排半天至一天，让学生以集体或以小组为单位在教师指导下到学校周围的近郊相关生态环境观察、认识动物及其栖息地特点，并采集部分标本。这样既让学生在平时受到了实习技能训练，又为学生集中实习奠定了基础；因为时间相对宽松，也更有利于教师的指导；并且能够使学生在了解周围环境中动物多样性以及动物生态、行为、动物与人类的关系等多种知识的同时增强学习兴趣。多进行一些近郊实习，会有助于学生了解动物在一年中不同季节的生活和分布规律，有利于标本的收集。

2. 实习基地实习

野外实习基地建设直接关系到实习教学的质量，对于提高人才素质、实践能力和创新能力培养有着十分重要的作用，是实现学校培养目标的重要内容之一。根据动物学野外实习的要求，有目的、有计划、有步骤地选择满足野外实习条件的单位，由学校单独或与有关单位共同建立相对稳定的教学实习基地，对实习目标的完成有着非常重要的意义。

六、实习的组织管理、纪律和安全注意事项

（一）组织管理

学生一般以实习小组为单位，在教师指导下独立进行实习工作。实习必须成立临时的实习组织，分别为实习领导组、业务指导组、财务后勤组、生活服务组。各组在领队的统一领导下分工合作，开展工作。实习具体领导小组由指导教师和班长、团支书组成，每小组设小组长，形成"教师—组长—学生"进行严密管理和实施各项实习内容。实习内容执行方式为指导教师的指导和学生自我实践有机结合，充分发挥学生的主观能动性，培养学生的独立工作能力。

（二）实习纪律

1. 加强组织性和纪律性，服从领队的统一领导；学生干部必须发挥带头示范作用。

2. 落实"安全第一"的意识。不在公路边打闹追逐，不得私自下库塘游泳，否则会被酌情扣除甚至取消实习成绩。

3. 尊重当地人民生活习惯和风俗，虚心向群众学习，搞好群众关系，爱护实习地区的一草一木。

4. 认真完成实习规定的学习和工作内容，根据要求严格地做好实习笔记及工作记录。

5. 厉行节约，尽量节水节电；爱护仪器，注意保管保养，严防丢失损坏。

6. 发扬集体主义精神，团结互助，取长补短，保证实习任务的完成。

（三）安全注意事项

1. 在很多情况下，野外实习的效果决定于参加者的举动、秩序、注意力和警觉性。谈笑风生、争先恐后都会惊走动物，影响观察。

2. 尽量穿灰、蓝或草绿色等服装，不要穿颜色太鲜艳或易被动物发现的衣服，特别是红、白等色，以免影响观察。

3. 观察时，教师走在前面；行进时要保持队形密集；要求动作迅速，保持肃静。

4. 发现鸟巢或其他数量有限的动物应加以保护，以便其他组的同学也有机会进行观察。

5. 在草原、荒漠、半荒漠或林区实习，沿途要注意做好标记，以免迷失方向，绝对禁止个人单独行动。

6. 标本要在实习的当日进行测量和处理。

7. 实习期间一般在暑期左右，天气炎热，植被生长旺盛、动物活动力比较强，因此要特别注意个人的安全防护，包括防中暑（准备藿香正气水、清凉油等防中暑药物和充足的饮用水、糖块，同时做好防晒工作）、防毒虫叮咬（准备驱蚊驱虫的喷雾药剂，穿长袖长裤衣物，做好个人防护）、防摔伤（准备碘伏和创可贴等，野外采集、观察应注意脚下安全，不可贸然行事攀爬悬崖或树杈）、防溺水（不得私自下库塘游泳，部分水域水流湍急或易陷底质非常危险）。

第二章　水生动物实习

一、内陆水生动物生境特征

内陆水生动物生境由溪流、河流、湖泊、沼泽、水库及坑塘等组成，有的是开放型的永久性水域，有的则可能是封闭型的暂时性水塘。实习的主要环境是湖泊、水库、河流以及附近的沼泽和湿地。

（一）内陆水生动物生境的生态类型

根据水域生境的流动性，大致可分为静水、急流和缓流 3 种生态类型。属于静水类型的如大多数池塘、水库和一些湖泊等，变化较小，水层区别明显。属于急流类型的如山涧河流、江河源头等，水流很急，冲刷力强，水中含氧量常呈过饱和状态，浮游生物不论种类和数量都比较少，水生动物的饵料贫乏。属于缓流类型的如江河中下游以及各种附属湖泊，由于水流逐渐变缓，悬浮在水中的无机物和有机物增多，生活着许多漂浮性浮游生物，饵料丰富，环境多变且差异较大。不论静水、急流和缓流的不同生态类型，进一步又可分成许多各有差异的小环境以至生活小区等。例如，一个湖泊，按水底可分沿岸带、亚沿岸带和深水带，按水平方向可分沿岸区和湖心区。

（二）内陆水域生境的非生物因子

1. 温度

水域的温度主要来源于太阳的光能。在自然状态下，一般水域水温变化多在 0~36 ℃。水温的变化常和地理位置、水域大小有关，大型水库和湖泊的水温变化相对来说比较小。温度和动物的关系十分密切，直接或间接地影响着它们的繁殖、发育、生长、觅食、分布、洄游等。

2. 光照

光照对动物的影响可分为间接和直接的两类。间接的影响如光照强度影响植物的光合作用和分布，这些和动物的饵料、氧的来源、栖息及繁殖场所等有密切关系。由于水域里的光照有昼夜之分，有许多浮游动物常出现垂直分布的变化，夜间多集中在表层，白天则降入下层。这样以浮游动物为食的动物，则随着饵料垂直分布的变化而改变在水中的层次。直接的影响主要有可能影响鱼类的代谢和繁殖、昼夜活动和体色等。

3. 溶解氧

水域中溶解着各种气体，主要是氧气和二氧化碳，与陆上相比，水中含有的空气极少；另外，溶解在水中的气体比例也和大气中的不同。大气中的含氧量及其他气体成分变化极小，而水中的气体成分经常在变动之中。引起其变动的因素很多，主要是由于温度、盐度、压力、生物活动等变化引起的，可以从 0 到饱和状态。在天然水域中如江河、湖泊等，由于水的流动、风的搅动，含氧量一般足以满足鱼类及其他生物生活的需要。在池塘和浅水湖泊中，夏季无风的夜里，水中含氧量可减少到最低程度以至完全缺氧。水中的氧除从大气中溶解到水中外，水中绿色植物的光合作用也是氧的重要来源之一。

4. 酸碱度

水的酸碱度通常用 pH 值表示。内陆水域生境的 pH 值变化范围在 3.2 ~ 10.5，但大多数江河、湖泊以及池塘多在 6.5~8.5。天然水域中酸碱度的变化，主要受物理、化学和水生生物变化的影响。近中性的水域 pH 值随季节变化特别显著，冬季由于水生生物停止生长，pH 值可降低至 7.0~7.5，夏季则可上升至 9.0~10.0。不仅有年变化，在很多水域中昼夜也发生变化，这主要和藻类大量繁殖有关。在酸性水域中，由于生命活动较少，pH 值较稳定。

5. 溶解盐

水几乎能溶解自然界中的各种盐类，包括的元素很多。不同水域的含盐量差异很大，根据含盐量不同，一般分为 4 个类型：淡水水域（含盐量在 0.01‰ ~ 0.5‰）、半咸水水域（含盐量在 0.5‰ ~ 16‰）、海水水域（含盐量在 16‰ ~ 47‰）和超盐水域（含盐量在 47‰ 以上）。内陆水域生境含盐量差异很大，一般的江河、湖泊、水库和池塘均属淡水环境，只有在入海的河口区才为半咸淡水水域，另外超盐水域主要是内陆地区的盐湖。

（三）内陆水生动物实习环境简介

1. 河流

河流不仅有大小、长短之分，还有季节性与长期河流之分，而且分为上游、中游、下游三部分。河流上游地处山地森林区，无污染，人类干扰少，动物栖息活动生境多样，中游和下游常存在着环境污染和人类活动的严重干扰。由于河流中水的流动性，导致水体水温相近，溶氧量高，水深的河槽动植物最丰富，浅滩动植物相对贫乏。河流还有激流、缓流和静水等区域。因此，水流形式不仅影响淡水水域中的动物群落，而且影响沿岸湿地、山坡地带动物类群的生态分布，也决定着实习季节和地点的选择。

2. 湖泊以及水库

根据营养情况，可以将湖泊以及水库水域分为贫营养湖、富营养湖和腐殖质营养湖 3 种基本类型。湖水的类型不仅决定和影响水域内的动物群落区系，而且影响周边临近生境由湿生环境向旱生环境的过渡程度，因而决定并影响动物的区系分布。这里分布有形形色色的水生生物，是进行内陆水生动物实习的主要地点。

二、常用采样工具和设备

1. 有机玻璃采水器（图1）

主要应用于在静止的水和缓慢流动的水中进行浮游生物的定量样品收集，常见规格包括1 L、2.5 L、5 L。

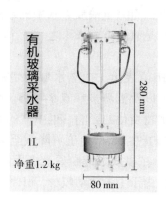

图1　有机玻璃采水器

2. 13#和25#浮游生物网（图2）

主要用于水生生物定性采样，其中25#主要用于采集个体较小的浮游植物、原生动物和轮虫等，13#则主要用于采集大型枝角类和桡足类等浮游动物。

图2　浮游生物网

3. 底栖动物采集器（图3）

内陆水域生境常见的工具包括：抓斗式采泥器，广泛用于各种水体中底栖动物的定性和定量采集。"D"形手抄网，主要用于浅水区底栖动物的定性采集。索伯网，主要用于浅水区底栖生物的定量采集。

4. 固定试剂

浮游生物常用的固定剂主要有：鲁格氏液，主要用于杀死浮游生物并短期保

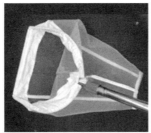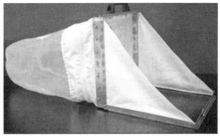

图3　采泥器和手抄网

存样品；4%甲醛溶液，主要用于短期原色保存样品和较长时间保存样品完整。

底栖动物常用的固定剂：75%~95%乙醇溶液，4%甲醛溶液，根据后期需要选择合适的固定剂。

5. 浮游生物计数板

三、水生动物采集、观察方法与样品保存

（一）浮游动物采集与样品保存

浮游动物的种类组成极为复杂，包括无脊椎动物的大部分门类从最低等的原生动物到较高等的尾索动物，差不多每一类都有永久性浮游动物代表。同时，还包括许多无脊椎动物（特别是底栖动物）的幼虫，致使浮游动物的种类组成更加复杂化。在养殖业和生态系统结构、功能和生物生产力的研究中占有重要地位的一般有原生动物、轮虫、枝角类、桡足类四大类。

各类群浮游动物标本的采集常用2.5 L或5 L采水器，根据需要由水体特定部位或深度采水，采得的水装入塑料壶中，然后加入福尔马林溶液固定（原生动物最好用鲁格氏液固定）。回住地后，将塑料壶中的水充分混匀后，倒入玻璃沉淀器中沉淀24 h，之后用虹吸管吸去上清液，留下的沉淀放入标本瓶内，用玻璃吸管吸取沉淀物置于载玻片上，于显微镜下观察、分类。

各类群浮游动物标本的采集也可用25号浮游生物网（原生动物标本的采集最好用孔径小于30 μm的浮游生物网，而枝角类和桡足类标本的采集可用16号浮游生物网），在水体中作大范围拖拉后，将滤得的浮游生物放入标本瓶中加入福尔马林溶液固定（原生动物最好用鲁格氏液固定），另一部分活体带回住地进行分类观察。

（二）底栖动物采集与样品保存

底栖动物是指生活史的全部或大部分时间生活于水体底部的水生动物群。按起源来分，底栖动物可分为原生底栖动物和次生底栖动物，前者指能直接利用水中溶解氧的种类，包括常见的蠕虫、底栖甲壳类、双壳类软体动物等；后者为由

陆地生活的祖先在系统发生过程中重新适应水中生活的动物，主要包括各类水生昆虫、软体动物中的肺螺类，如椎实螺等。

按动物体大小，可将底栖动物划为以下3种类型：不能通过500 μm孔径筛网的动物称为大型底栖动物；能通过500 μm孔径筛网但不能通过42 μm孔径筛网的动物为小型底栖动物；能通过42 μm孔径筛网的动物为微型底栖动物。

1. 底栖动物分类

按底栖动物的生活方式，常见种类一般可分为以下3种类型。

（1）固着动物：固着在水底或水中物体上生活，如海绵、水螅、苔藓虫等。另有一些营临时性固着的种类，如蛭类具有吸盘，而一些摇蚊以及石蛾幼虫则常具有固定于底质上的巢、管等。

（2）穴居动物：埋在水底沉积物中生活，如大部分的水生线虫、颤蚓科寡毛类、双壳类的淡水蛭、蚌以及摇蚊类昆虫幼体等。

（3）攀爬动物：指在水底底质表面以及攀缘于水底突出物或水草等生物上生活的动物，主要包括以下几种。① 在水底底质表面的攀爬动物，常见种类包括扁形动物（涡虫）、腹毛动物（自由虫）、腹足类软体动物（圆田螺、椎实螺、扁卷螺等）等，另外一些水生昆虫（蜻蜓的幼虫以及田鳖等）也属于该类型。② 在水底突出物和植物表面生活的攀爬动物，如田螺科以及肺螺亚纲的椎实螺和扁卷螺等；一些淡水线虫和水生寡毛类如仙女虫等。③ 活动能力较强、善于主动游泳而且有较广活动范围的攀爬动物，如龙虱和常见虾类，由于它们的主要栖息生境仍为水底，所以也称为自由底栖动物。

2. 常见底栖动物各类群的采集与保存

（1）腔肠动物水螅的采集：采集时，先在水桶或搪瓷盘中盛水，然后用镊子自池塘或河流中夹取水生植物的茎叶放入水桶或搪瓷盘中，静止片刻待水螅的身体和触手慢慢伸展开后，细心观察即可找到水螅。把采集到的水螅用玻璃吸管吸入表面皿或载玻片上，待其伸展后，将略微加热（60~80℃）的布恩氏固定液用注射器向水螅基部向触手方向迅速注射麻醉和固定水螅，再放入布恩氏液中保存。

（2）扁形动物涡虫的采集：采集涡虫纲的动物，可在溪流之石下寻找。采集时，用手捡起石块，翻看其底面是否有爬行的涡虫，发现涡虫后，轻轻用毛笔逆涡虫运动的方向将其刷入采集瓶中。

（3）环节动物的采集与保存：用彼得逊采泥器或埃可曼采泥器采集湖泊、池塘或河流的底泥，泥样用40目铜筛筛洗，洗下的残渣置于白搪瓷盘中进行分检。分检出的寡毛类用4%~10%的福尔马林溶液固定、保存即可。

（4）软体动物的采集和保存：用彼得逊采泥器或埃可曼采泥器采集湖泊、池塘或河流的底泥，用42 μm孔径筛网将底泥筛洗后置于白搪瓷盘中进行分检。分检出的瓣鳃纲动物用水清洗后可以置于 50℃ 温水中，待张开双壳后，和腹足纲动物等一起投入福尔马林或酒精中固定、保存即可。较大型的腹足纲动物也可在水边用手捡或用镊子夹，用水清洗后投入福尔马林溶液或酒精中固定、保存。

（5）节肢动物的采集和保存：甲壳类动物可以通过放置地笼在湖泊、池塘和河流中采得，然后将渔获物置于水桶或白搪瓷盘中进行分检，水洗后将动物可用福尔马林溶液或酒精固定、保存。底栖昆虫可用彼得逊采泥器或埃可曼采泥器采集湖泊、池塘或河流的底泥，泥样用 40 目铜筛筛洗，洗下的残渣置于白搪瓷盘中进行分检。分检出的水生昆虫用 4%~10% 的福尔马林溶液固定、保存即可。

（三）两栖类、水生鸟类和水生哺乳类动物观察

两栖类主要通过在溪流或湖塘中用抄网进行捞取采样；水生鸟类主要包括潜鸟目、䴙䴘目、鹳形目、雁形目、鸻形目的全部鸟类，以及鹈形目、鹤形目、佛法僧目的部分鸟类；水生哺乳类在内陆主要包括啮齿目河狸科、仓鼠科部分类群以及食肉目中的水獭等。水生鸟类和水生哺乳动物的实习可以选择湖泊、池塘、水渠或河流岸边利用望远镜和长焦相机进行观察或拍摄。

四、水生动物研究型实习案例（一）塔里木南二干渠底栖动物物种调查

（一）实习目的

掌握咸淡水水底栖动物样本的采集及固定方法。

（二）实习地概况

塔里木南二干渠为缓流人工渠道，水一般较浅，流速缓慢，为阿拉尔重要的湿地生境，水生动物相对丰富，且水鸟物种多样，周年可以发现水鸟的分布。

（三）实习材料和用具

水体地形图、深水温度计、采泥器、扭力天平、三角拖网、托盘天平、脸盆、解剖镜、水桶、显微镜、标签、培养皿、铅笔、30~50 mL 指管瓶、记录本、1 000 mL 试剂瓶、毛巾、250 mL 广口瓶、纱布、量筒、胶布、抄网、解剖针、分样筛 40 目、放大镜、酸度计、塑料袋、甲醛、解剖盘、酒精、小镊子、吸管、绳索、毛笔、盘秤、滤纸等。

（四）实习内容

1. 采样点的设置

根据不同环境特点（如水深、底质、水生植物等）设置断面和采样点。断面上设置的点是直线的，每隔一定距离设一采样点。断面上采样点的多寡视环境而酌情增减，通常设置断面必须考虑底质、水深、水生高等植物的组成、入水口、出水口、湖湾，以及受污染地区等每一断面，及断面上的每一采样点的位置

都需标在地图上（可选用手机 GPS 工具箱、奥维互动地图等），采集时可按图上编号顺序进行。

2. 采样方法

采样时，应事先记录当时的天气、气温、水温（表层、底层）、透明度、水深，然后进行采样，并记录底质及水生植物情况。

定量采样：采样时每个采样点上的大型和小型底栖动物各采 2 次样品。对于泥沙底质，用带网夹泥器采得样品后，连网在水中剧烈洗涤摇荡，洗去污泥，网口要保持紧闭，然后提到岸边，拣出全部螺、蚌，放入广口瓶中，并贴上标签（写明地点、编号、日期），带回室内处理。蚌斗式采泥器采得的泥样，先倒入 40 目的铜丝分样筛（或 80 目的筛绢网袋），然后将筛底放在水中轻轻摇荡，洗去样品中的污泥（若样品量大可分几次洗涤），最后将筛渣倒入白瓷盘中，用镊子挑取，全部放入 95% 的乙醇溶液中。也可将采的泥样倾入脸盆中，到岸边筛选，以免采样时间过长。对于石质底质，用脚或小铁扒有力地搅动索伯网前定量框内的底质，并用手将黏附在石块上的底栖动物洗刷入网；或用"D"形网（40 目纱，0.3 m 宽）进行半定量采集，采集长度为 20 m，约 6 m^2。

定性采样：分别在各采样点上采一定数量泥样作定性标本用，还可在沿岸带和亚沿岸带的不同生境中，用抄网捞取一些定性样品。

3. 定性分析方法

在底栖动物鉴定过程中，应依据实验设计与需求进行鉴定，同批样本保持一致的鉴定标准。通常而言，鉴定的分类单元越小，数据的可靠性越高，但鉴定的准确性会有所下降。一般遵循软体动物应鉴定到种；水生昆虫（除摇蚊幼虫）至少应鉴定到科；水栖寡毛类和摇蚊幼虫至少应鉴定到属的原则。鉴定水栖寡毛类和摇蚊幼虫时，用甘油做透明剂制片并在解剖镜或显微镜下进行。如需保留制片，则可用普氏胶封片。

鉴定时，应标明标本鉴定人。鉴定后，应对鉴定种类的特点进行详细的描述。包括每一个物种的个体数。标本鉴定完毕后，应及时放回标本瓶中。每一鉴定的物种应当重新放入小标本瓶中，并在小标本瓶上明确标记采样点信息、标本鉴定详细信息以及鉴定时间。

4. 定量分析方法

根据样品各种类的计数与称重除以相应的调查面积，计算每条断面底栖动物的丰度和生物量，单位分别为 ind./m^2 和 g/m^2。

（五）作业

简要写出底栖动物定性定量的方法，计算观察到种类的丰度及生物量。

五、水生动物研究型实习案例（二）
塔里木盆地咸淡水水体浮游动物物种调查

（一）实习目的

掌握咸淡水水体浮游动物定性和定量采样方法和分析方法；识别常见的浮游动物。

（二）实习地概况

南疆塔里木盆地周边咸淡水坑塘、湖泊或湿地。

（三）实习材料和用具

有机玻璃采水器、25#浮游生物网、样本瓶和福尔马林溶液等；生物显微镜（含摄像系统）、载玻片、盖玻片、吸管、擦镜纸、纱布和绘图工具等；浮游动物计数框及相应盖玻片、浮游植物计数框及相应盖玻片、0.1 mL吸管、0.5 mL吸管等。

（四）实习内容

采集水体内的浮游动物有两种方法：一种是采水器采水后沉淀分离；另一种是用浮游生物网过滤。前者适用于原生动物、轮虫等小型浮游动物；后者可用于枝角类、桡足类等甲壳动物。

1. 设采样站点

根据浮游动物的分布设采样站点。湖泊采样应兼顾在近岸和中部设点，可根据湖泊形状分散选设，进水口和出水口也应设点。池塘采样一般在池塘四周离岸1 m处和池塘中央各选1个采样点。湖心、库心、江心必须采样，有条件时采样点可适当多设一些。如果研究目的仅限于了解水体中浮游动物的丰度，那么可根据水体的形态划分不同的区域，然后根据不同区域所占的份额，按比例取混合水样。

2. 采水层次

采样点确定后，要根据调查研究的目的和所调查水体水深设置采水层次。如池塘水深小于2 m，采一中层水样；若水深大于2 m，最好采表、中、底层水样，即表层在水下20 cm左右，中层在水体中间部分，底层离底20 cm左右。水库、湖泊水深不足3 m者，只在中层采水即可；超过3 m而不足10 m者，应采表、底两层水，其中表层水在离水面0.5 m处，底层水在离泥面0.5 m处；如果水深超过10 m，则应在中层增采一个水样。

3. 采样方法

原生动物和轮虫等小型浮游动物样本的采集，一般用采水器采水，但采样时要分层采水。泥沙多时沉淀后再取水样，一般每一个采样站点采水1 L，倒入水样瓶中用10~15 mL鲁格氏液固定（即按水样1%~1.5%体积分数加入固定液）。

采水时，每瓶样品必须贴上标签，标签上要标明采集的时间、地点、采水体积等，其他详细内容应另行做好记录以备查对，避免错误。

枝角类和桡足类等大型浮游动物样本采集方法为过滤法，即依据水体的肥瘦程度，用采水器采集 10~50 L 水体，用 25#浮游生物网过滤后收集样本，并用过滤后的水冲洗浮游生物网，确保样本全部转移到样本瓶中，加入 4%甲醛固定，带回实验室。

4. 采集时间

采样的时间要尽量保持一致。一般在 10：00—12：00（新疆地区）进行为好。

5. 沉淀和滤缩

采集的水样摇匀后倒入 1 000 mL 圆柱形沉淀器中沉淀 24 h，沉淀器可用 1 000 mL 的瓶子代替。用虹吸管（最好用 2 mm 直径的医用导尿管或输液管，管口用 300 目筛绢封严）小心抽出上面不含浮游生物的上清液。剩下 30~50 mL 沉淀物摇动后转入 50 mL 的定量瓶中，再用上述虹吸出来的上清液少许冲洗 3 次沉淀器，冲洗液转入定量瓶中。凡以碘液固定的水样，瓶塞要拧紧。还要加入 2%~4%体积分数的甲醛固定液（福尔马林溶液），即每 100 mL 样品需另加 2~4 mL 福尔马林溶液，以利于长期保存。浓缩时切不可搅动底部，万一被搅动，应重新静置沉淀。为不使漂浮水面的某些微小生物等进入虹吸管内，管口应始终低于水面，虹吸时流速流量不可过大，吸至澄清液 1/3 时，应控制流速，使其呈滴缓慢慢流下为宜，或使用细的输液管。

浓缩后的水量多寡要视浮游植物浓度大小而定，通常可用透明度作参考。浓缩的标准是以每个视野里有十几个细胞为宜。

6. 定性分析

小型浮游动物样本按照相应方法采集后得到一份活体样本和一份加入福尔马林溶液后的固定样本。活体样本需在采集后 24 h 内在生物显微镜下镜检，记录（显微拍照）出现的所有种类；另外一份固定样本亦需要镜检，力求全面、详细。将活体样本和固定样本出现的所有种类作为本次调查小型浮游动物的定性结果。大型甲壳动物的定性过程与小型浮游动物的相似，将观察到的种类记录下来。最后，将小型浮游动物和大型浮游动物种类鉴定的结果汇总后作为浮游动物总的定性结果。

7. 定量分析

利用显微镜视野计数法进行浮游动物定量，计数原生动物和轮虫等小型浮游动物用 0.1 mL 浮游植物计数框，计数枝角类和桡足类等大型浮游动物用 1 mL 浮游动物计数框。原生动物、轮虫等小型浮游动物的计数时，沉淀样品要充分摇匀。然后用定量吸管吸 0.1 mL 注入 0.1 mL 浮游植物计数框中，在 10×10 的放大倍数下计数原生动物和轮虫。一般计数两片，取其平均值。

甲壳动物等大型浮游动物主要指枝角类和桡足类等。按相应采样方法，取10~50 L水样。用25#浮游生物网过滤，把过滤物放入标本瓶中，并洗网3次，所得的过滤物也放入上述瓶中。在计数时，根据样品中甲壳动物的多少分若干次全部过数。如果在样品中有过多的藻类，则可加伊红（Eosin-Y）染色。

需要提出的是无节幼体的计数问题。无节幼体是桡足类的幼体，据初步统计它们的数量占整个桡足类总数的40%~90%。无节幼体一般很小，与轮虫相差无几，甚至有的还小于轮虫和原生动物。在样品中如果无节幼体数量不多，可和枝角类、桡足类一样全部计数；如果无节幼体数量很多，全部计数花时太多，那么可把过滤样品稀释到若干体积，并充分摇匀。再取其中部分计数，计数若干片取其平均值，然后再换算成单位体积中个体数。无节幼体也可在1 L沉淀样品中，用轮虫相同的计数方法进行计数。

把计数获得的结果用下列公式换算为单位体积中浮游动物个数：

$$N = V_b n / V V_a$$

公式中，N 为1 L水中浮游动物个体数，V 为采样体积（L）；V_b，V_a 为沉淀体积（mL）和计数体积（mL）；n 为计数所获得的个体数。

（五）作业

写出调查水域浮游动物定量的操作步骤，计算观察到种类的丰度。

第三章　塔里木盆地常见水生动物特征及识别

一、原生动物门 Protozoa

1. 砂壳虫属 *Difflugia*

形态特征：体外壳由细胞分泌的胶质与微细的沙砾或硅藻空壳黏合而成。球形或长筒形，壳孔在壳体一端的中央。无颈。主要分布在大型湖泊或深水水库中，为寡污带常见浮游原生动物。

2. 拟铃壳虫属 *Tintinnopsis*

形态特征：体呈倒置草履形，断面圆或椭圆形。有十分发达的斜凹的口沟，胞口明显，体纤毛分布全身，身体前后各有一个伸缩泡，含辐射管，大核一个，卵形至肾形。主要分布在中污或多污性水中或有机质丰富的水体中。

二、轮虫动物门 Rotifera

1. 臂尾轮属 *Brachionus*

形态特征：被甲较宽阔，呈正方形。被甲前端总是具 1~3 对突出的棘刺。有的种类被甲后端也具棘刺。足不分节而很长，并能活泼地伸缩摆动。本属种类甚多，主要营浮游生活。但也常用足末端的趾，附着在其他物体上，并营底栖生活。它们生长在池塘、湖泊中，往往靠近岸的地方多于离岸的地方。

2. 龟甲轮属 *Keratella*

形态特征：被甲隆起，腹甲扁平，被甲上有浅条纹即龟纹，被甲前具 6 个前棘刺，后端具 1 个或 2 个棘刺，无足。分布于淡水、内陆盐水。常见种为螺形龟甲轮虫 *K. cochlearis*、曲腿龟甲轮虫 *K. valga*、矩形龟甲轮虫 *K. quadrata*。

枝角类

1. 尖额溞属 *Alona*

形态特征：体长圆形、近矩形，侧扁。壳后缘高度通常超过最高部分的1/2。壳上具纵纹，尾爪上只有一个基刺。

2. 锐额溞属 *Alonella*

形态特征：壳缘的高度不超过最高部分的 1/2，后腹角常具锯齿，2~3 个浅缺刻。

桡足类

中剑水蚤属 *Mesocyclops*

形态特征：头胸部较粗壮，腹部瘦削，生殖节瘦长，前宽后窄，尾叉较短，内缘光滑，末端尾刚毛发达。第 1~4 胸足内，外肢均 3 节；第五胸足 2 节，第一节较宽，外末角具 1 羽状刚毛，末节窄长，内缘中部及末端各具 1 羽状刚毛，常见的有广布中剑水蚤 *M. leuckarti*。

三、环节动物门 Annelida

蛭纲 Hirudinea

形态特征：蛭纲是一类高度特化的环节动物。体通常扁圆形，背面稍凸，腹面扁平，或略呈圆柱形。前、后两端较狭，各有一吸盘。口在前吸盘的腹侧，肛门在后吸盘的背面。全体由 34 节组成，但末 7 节已合成后吸盘。体大多数为鲜艳的色彩及斑纹。体上有感觉器及肾孔。体上无刚毛，体内肌肉发达，体腔被肌肉和结缔组织分割充填而缩小。多数营暂时性的体外寄生生活。

四、软体动物门 Mollusca

1. 椎实螺属 *Lymnaea*

形态特征：具螺形贝壳，螺旋部一般低矮。形小如椎实，壳薄，暗色，半透明。螺旋部尖，体螺层颇大，壳口宽阔，无厣；体柔软，能缩入壳内。头部有伸缩性的触角 1 对，触角内侧基部有眼；头部腹面具口器，短而膨大。成螺长约 10 mm，暗青绿色，顶端有右旋螺纹 3~5 圈。

幼螺：体小，形似成螺。生活于淡水湖泊、池塘中。

2. 圆扁螺属 *Hippeutis*

形态特征：壳顶凹入，贝壳为厚圆盘或扁圆盘状。螺层在一个平面上旋转，无厣，贝壳上面部分可看到全部螺层。多分布于小型水体中，常栖息于池塘、沼泽、小溪、沟渠，喜多水生植物处生长。

五、节肢动物门 Arthropoda

（一）甲壳纲 Crustacea

1. 白虾属 *Exopalaemon*

形态特征：十足目真虾次目长臂虾科的 1 个较小的属。因甲壳薄而透明，微带蓝褐或红色点，死后体呈白色而得名。体长最大不超过 50~60 mm。头胸甲有鳃甲刺、触角刺而无肝刺。额角发达，上下缘皆有锯齿，上缘基部形成鸡冠状隆起，末部尖细部分上缘无齿，但近末端处常有 1 或 2 附加小齿，下缘末半有小齿数个。腹部第 2 节侧甲复于第 1、3 节侧甲外面，第 4~6 节向后趋细而短小，尾节窄长，末端尖。第 1 触角 3 鞭（外鞭附有短小的副鞭）。大颚有由 2 节构成的触须。第 1、2 步足有螯，第 2 对较粗大。第 3~5 对步足爪状或细长柱状。

2. 钩虾属 *Gammarus*

形态特征：钩虾类第 1 触角具有 3 节的柄和多节的鞭。颚足触须具 2~4 节。2 对鳃足发达，多呈捕捉型亚螯状。下唇构造常很复杂，呈花瓣状，各种形状不同。具 5 对步足，简单，爪状。一般具发达的底节板，复卵片 4 对。腹节发达，分节一般明显。腹肢 3 对发达，双枝型游泳用，尾节完全，或有缺刻，或分叉，尾肢单枝或双枝。粗壮，有的种可用以弹跳。雌雄异体，雄体一般触角较发达，具短小交接器；雌体胸部具有复卵片。雌体输卵管将卵块送至育卵囊内受精和孵化。

3. 沼虾属 *Macrobrachium*

为一种中型的淡水虾，体长一般为 50~90 mm，呈青灰色或青绿色，俗称青虾。喜在湖泊、水库、河渠、塘堰中，常生活于水肥、流缓、水草繁茂的沿湖港湾或泥质底部生活，昼匿夜出。春天随水温上升，开始移至沿岸浅水区生活，盛夏随水温升高，则移向深水，冬季潜伏于湖底或水草丛中越冬。杂食性，由于其捕捉动物性食物的能力较差，所以胃含物中主要是一些植物性食物、有机碎屑或一些动物的尸体，有时也见到一些蠕虫、小型水生昆虫和浮游甲壳动物。

鉴别特征：头胸甲较粗大，额角短于头胸甲，为头胸甲长的 0.6~0.8 倍，伸至或稍稍超出鳞片的末端；上缘平直或稍稍隆起，具 9~13 齿，有 2~3 齿位于眼眶后缘的头胸甲上。雄性头胸甲粗糙，布满小颗粒状的突起，雌性的较少。

腹部的颗粒状突起较少些，但在腹甲的边缘特别是第六腹节、尾节及尾肢都布满颗粒状突起。第一触角柄约伸至鳞片的 2/3 处，柄刺伸至超过角膜的中部到靠近其末端，约为基节长的 1/2，前侧刺约伸至第二节的中部，第二节短于第三节。第二触角鳞片长为宽的 2.7~3.1 倍。第三颚足约伸至靠近第一触角柄第二节的末端。

第一对步足腕节的末端超出鳞片的末缘；第二对步足两性均左右对称，雄性显著强大，左右形状与大小均相同，表面遍布小刺，成熟的个体通常都超过其体长。后三对步足形状相似。第三对步足雄性掌节末端超出鳞片的末缘，雌性仅指节伸至或稍稍超出鳞片的末缘；掌节为指节长的 2 倍左右，长节约为腕节长的 2 倍，稍长于掌节。第五对步足掌节末端靠近或超出鳞片末缘。

(二) 昆虫纲 Insecta

1. 蜻蜓目 Odonata

形态特征：本科种类身体中等大小至大型，体黑色，具黄色花纹；两眼距离甚远，下唇中叶完整，不纵裂；前后翅三角室形状相同，并且距离弓脉一样远；雄性后翅臀角呈一个角度（甚少数圆形）；基中室无横脉；臀圈缺如，甚少具少数翅室。雌性无产卵器。幼虫触角只有 4 节，第 3 节最大，第 4 节细小，前足和中足的跗节只有 2 节。

2. 蜉蝣目 Ephemeroptera

形态特征：成虫主要生活在水边附近的陆地上，不摄食，寿命极短，仅生活数小时，成虫交配产卵在水中，孵化为幼虫。幼虫长形，略似成虫，除初龄幼虫无中尾丝外，其他幼虫期有一对尾须及一个中尾丝，幼虫属杂食性，以藻类、小型浮游动物或有机碎屑为食。

3. 半翅目 Hemiptera

形态特征：大多成虫前翅基半部革质，端半部膜质，成虫体壁坚硬，较扁平，复眼两个或无，静止时 2 对翅平置，折叠于腹部背面。幼虫一般生活在池塘、稻田、溪流或海水中，成虫在水底越冬。

第四章　陆生动物实习

一、陆生动物实习的生境类型

（一）农田生境

农田又称耕地，在地理学上是指可以用来种植农作物的土地，是人类采用最新的科学技术手段，从中最大限度地获取人类需要的生活资料和生产资料的重要生产基地。气候的不同使得南北方热量的分带、植被类型和耕作方式都有差异，与此相适应的动物类群也有所不同。有些种类危害农作物，有些却给农田带来益处，不少种类的生活习性随作物的季节性而变化。例如，南方有些在水田区活动的鼠类，它们在水稻灌水季节多在杂草丛生的田埂、围堤上筑巢或移栖于玉米、棉花等旱生作物田间；到了田水干涸、作物成熟或收割的季节，又转到食物丰富的稻田。此外，作物的配置情况、耕作技术、土壤情况、谷物秸秆堆放和处理办法，均可影响鸟兽的种类、繁殖、数量、食性和迁移等。

根据水源条件，农田可分为水田和旱田两大类。我国南方以水田为主，多种植水稻；北方以旱田为主，多种植小麦和杂粮等。根据作物种类不同，又可分为粮食作物田和经济作物田。前者包括小麦、水稻、玉米、高粱、谷子、莜麦等；后者包括棉花、大豆、芝麻、蓖麻、胡麻、花生、油菜、甘蔗、甜菜等。此外，还有菜园和果园等。

农田具有以下的特点。

（1）在人类长期的农业活动影响下，农田地区较大型的动物已绝迹，形成其所特有的动物群，尤以啮齿动物为多见。

（2）农作物的耕作有着明显的季节性，居住在农田地区的动物习性，不仅随着作物的季节性变化而变化，还伴随着作物的倒茬而转移栖息地，危害作物的现象明显，如黄毛鼠、板齿鼠等。在水稻抽穗时，大量聚集田间，咬食孕穗，并将其拖入洞内；当水稻收割后，又转吃甘蔗，此外，还大量盗食蔬菜、瓜果等，危害极大。

（3）农田与其周围生境相比，植物群落单纯，隐蔽条件较差，但有较好的食物供应，这是吸引某些食谷鸟类群集和鼠类大量繁殖的原因之一。由于耕作技术提高，田间空地减少，鼠类的洞穴多集中于田埂、堤坝附近，动物的分散与集中，直接受食物的影响。收割后的谷物和秸秆，如不及时进行脱粒，在田间堆积成垛，就给某些鼠类提供了丰富的食物，并为其创造了良好的栖息和繁殖条件。

（二）居民区生境

居民区是人为景观的一部分，在大小城市、乡村、城镇甚至林区附近，都有各种类型的建筑物，如住宅、庙宇、公园、花园等。它们与农田一样，成为某些鸟类和小型兽类良好的居住场所。与其他自然景观中的动物相比，居民区的动物与人类的关系更为密切。它们获得了一些新的适应性，成为伴生动物。如某些啮齿类随季节变化而具有家野两栖性。某些鸟类具有返回原居住地的本能，它们的活动给人类的健康和经济生活都带来重大的影响。因此，在实习期间，深入观察和研究它们的益害具有重要的意义，更可为招引有益动物与消灭有害动物提供科学依据。

居民区具有以下的特点。

（1）食物充足，人类贮备的粮食、蔬菜和食物的残渣等，都为动物的生存提供有利条件，对冬季由田野迁入住宅、畜棚、柴草房内的鼠类更为重要。丰富的食物让它们能够适应不良环境，甚至可以在冬季繁殖，如小家鼠、褐家鼠、黑线姬鼠、黑线仓鼠等。

（2）人类建筑物温度适宜，隐蔽所多，敌害少，故某些鼠类可终年栖息在居民区中。小家鼠栖于地面堆放的家具、储藏物等处；褐家鼠除地面外，多活动于下水道。

（3）人口密集、活动频繁以及各种类型的建筑物及生活措施中的照明装置等，招引了大量昆虫，为夜间活动的食虫动物创造了有利条件，壁虎和蝙蝠是适应这种特殊环境的典型代表。

（三）草原生境

草原地区气候干燥、风大、雨少，在这种不利的条件下，牧草借庞大的根系牢牢地固定在土壤中，并从干旱的土壤中吸取足够的水分和营养。我国草原占全国土地面积的 1/5 以上，大部分分布在长达 12 000 km 的国境线附近。我国从东南沿海向西北，依次出现湿润气候、半干旱气候和干旱气候，越往西北气候越干燥。干燥的荒漠处在大陆中心，茂密的森林分布在沿海湿润地区，草原位于荒漠（极端大陆性干旱地区或雪线以上的高寒山地等）和森林的中间，是森林带向荒漠带的过渡带。在草原带内，越向西北，草越矮小。可见草原的出现，主要是由地理和气候条件造成的。

（四）森林生境

森林环境的特点是动物食物的种类和数量多、温度波动范围小，并有多样的天然隐蔽所和良好的保护条件，这些特点决定了森林动物的多样性和丰富度。我国有着广阔的森林面积，大体上可分为寒温带针叶林、温带落叶阔叶林、亚热带常绿阔叶林和热带雨林 4 种类型。寒温带针叶林位于我国北部，包括大小兴安岭北部及新疆阿尔泰山区。气候寒冷，冰冻期长，是我国著名的林区。热带雨林位于我国最南端，包括云南、广西、广东和福建各省（区）的南部以及我国台湾地区和海南岛。气候炎热多雨，全年无霜，为热带雨林和季风雨林性常绿阔叶林。

二、陆生动物实习工具与药品

（一）捕捉工具（图1）

1. 网具

包括昆虫采集网和捕鸟张网。常见的昆虫采集网主要有捕网、扫网和水网：① 捕网主要用于捕捉飞行中或停息着的较为活泼的昆虫，它的网袋一般是由尼龙纱或珠罗纱制成的，其特点是轻便、通风。② 扫网一般是由结实的白布或亚麻布制作而成，常用来扫捕隐藏在草丛、灌木等较为低矮和茂密植被上的昆虫。③ 水网专门用以捕捉水生昆虫。制作水网的材料要求坚固耐用，透水性良好，通常用细纱或亚麻布制作。网圈规格与捕虫网相同，但网袋较短，呈盆底状，网柄应长些，以便使用者站在塘边或小溪岸边，采集水面或水中的昆虫。捕鸟张网，通常是采用一种比较透明细小的尼龙线编织而成，主要用于机场防止鸟撞时间和池塘养殖防止鸟类食鱼，与渔业粘网类似。

2. 夹具

常用的夹具有老鼠夹和蛇钳。老鼠夹的种类包括闸式和有板式两种，均用于捕捉老鼠。蛇钳是用金属制成的专用于捕蛇的一种工具，它由手部、杆部和钳部组成。手部包括手柄和控制钳开闭的扳机，松开扳机的时候，钳张开，反之则钳闭合。钳部一般做成一个下平上凹的结构，以免蛇被夹伤，破坏其完整性，捕捉时应钳住蛇的颈部。

3. 吸虫管

吸虫管是一种专门用于采集蚜虫、蓟马、粉虱等身体柔弱且不易拿取的微小昆虫的工具，其原理是利用吸气形成的气流将昆虫吸入容器内。一般吸虫管的制作材料包括玻管、细玻管、胶皮管和一个软木塞。使用时将其中的一管口对准需要采集的昆虫，按动吸气球，将昆虫吸入瓶中即可。

4. 诱虫灯

诱虫灯是利用昆虫的趋光性而设计的一种诱捕工具，一般可分为固定式和流动式两大类。固定式诱虫灯常选择在有电源的地方附近安装，要求光源射程足够远，且昆虫能比较容易进入灯下的容器内但不易逃脱。流动式诱虫灯较为简便，只需要拉好电线，接通电源，在幕布上方悬挂一盏紫外灯或者黑光灯，引诱昆虫。

5. 辅助工具

小铁锤、铁锹等掘土工具，用于采集泥沙、土壤或石块下的动物。此外，还包括用于夹取标本的镊子、扫取身体柔弱的微小动物的毛笔、观察用的放大镜等。

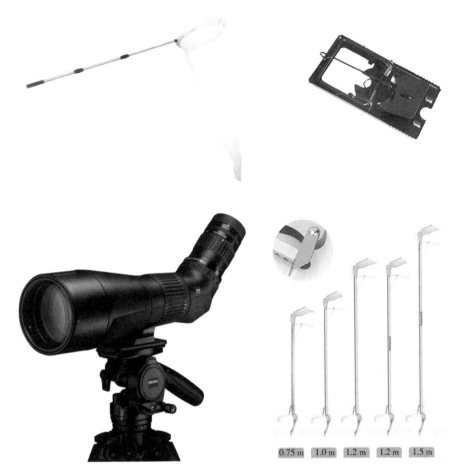

图 1　捕捉工具

（二）盛具

1. 毒瓶

毒瓶是一种让昆虫快速死亡，但不损坏标本的人工制作盛具。目前由于药品管制，制作毒瓶的常用试剂建议使用乙醚、乙酸乙酯等药剂。在实际操作中较常使用的是乙酸乙酯，因为它的毒虫效果较好，且对人体相对安全。使用时，先用乙酸乙酯将适量的棉花浸湿放于瓶底后铺一层滤纸，即可使用。

不足之处：部分昆虫标本经乙酸乙酯处理后，会有褪色的现象。

2. 采集袋

采集袋是为了方便携带和使用其他采集工具设计而成背包式的袋子，里面层次较多，外面有插放毒瓶和指形管用的筒袋，这样各种用具可分格存放，方便使用，并且不会互相碰撞损坏，外面筒状袋须加布盖，以免瓶塞丢失。

3. 采集箱

采集箱可分为幼虫活体采集箱和保存标本的采集箱。幼虫活体采集箱是木制而成的，铁纱将中间隔成 12 个大小不一的方格，每个方格都有一个可向外打开的门，门上装有能与箱框相扣的铁钩。上面 6 个方格上方各留有圆洞，可用于放入善于飞翔和跳跃的昆虫。此外还可根据需要制成不同用途、不同形状的采集箱，如标本盒样式的可容纳针插标本的采集箱。

4. 三角纸包

三角纸包是用长方形纸片折叠成的三角形小包，常用于采集途中临时存放鳞翅目、蜻蜓目、脉翅目和毛翅目的昆虫。其特点是制作简单、携带方便。使用时要避免昆虫标本被破坏，不可挤压与折叠。

三、陆生动物的采集与保存

（一）陆生软体动物的采集

陆生软体动物常见的主要是肺螺类的一些物种，它们生活在山区、平原、丘陵、森林、灌木、菜园和农田中。蜗牛类的采集可以直接使用镊子等工具夹取放入酒精或甲醛固定液。

（二）陆生昆虫标本的采集

1. 采集时间、地点的选取

一般而言，昆虫种类繁多，生活习性也各不相同，标本一年四季都可以采集。而每年的晚春至秋末是昆虫生长旺盛的季节，是采集的最佳时期。不同的昆虫采集时间不同。白天活动的昆虫活动最旺盛的时间段是 10：00—15：00；而夜间活动的昆虫在太阳下山后天刚刚变黑时最多。另外，在晴朗温暖的天气采集能有较好的收获，而在有风阴冷或下雨后的日子，昆虫大都蛰伏，不易寻找。

采集地点的选取也要根据昆虫的种类、习性而定，所以采集前要预先了解各类昆虫的分布范围。昆虫一般在山地上、湖泊中及植物种类较复杂的地方分布较多，土壤中、石块下、杂草烂叶里，或者附近有溪流的地方会更容易找到。

2. 采集方法

（1）网捕法：是最普通也是最常用的昆虫采集方法，用网捕法采集昆虫时主要有以下 4 个步骤：① 捕捉在空中飞行的昆虫时，动作应敏捷而轻快，迎头一兜，并迅速将网口转折过来，并将网的底部连虫一并甩到网圈上来，以防止入网的昆虫逃跑；② 揭开毒瓶的盖子，将毒瓶伸入网的底部，小心扣住昆虫使之进入瓶内；③ 若捕到的是大型蝶蛾类昆虫，可在网外用于轻轻捏压其胸部，使其肌肉受损，然后放入毒瓶内；④ 在捕捉草丛中的昆虫时，可以采用边走边扫的方法，扫入网后，将网到的昆虫连同碎枝叶一起倒入毒瓶里，待昆虫被毒死后，再倒在白纸上进行挑选。

（2）震落法：是采集昆虫的常用方法之一。许多昆虫有假死的特点，突然震击植物，可使假死昆虫自然落入提前设置的网中；有的昆虫虽然没有假死，当它不活动时，猛烈震击植物也可取得上述效果。

（3）诱集法：大部分昆虫具有趋光性、趋色性、趋食性和趋异性等习性。利用这些天然习性，可采到许多种类的昆虫。灯光诱捕是最常用的诱捕方法，如蛾类、金龟子等昆虫均有较强的趋光性。色诱是利用昆虫对颜色的敏感性来进行采集的，如用黄盘来诱捕采集膜翅目的昆虫。

（三）陆生两栖动物和爬行动物的采集

对于陆生两栖动物，根据外形初步预判种类，使用蛇钳或手工抓取；对于陆生蛇类使用蛇钳进行捕捉，观察完毕放生，其他的爬行动物如蜥蜴类可以佩戴棉质手套直接徒手抓取。

（四）陆生鸟类和哺乳动物的观察采集

使用观鸟镜或望远镜观察鸟类或哺乳动物，目前一般不进行采集。哺乳动物中的啮齿类、食虫类动物则使用板夹或粘鼠板在这些动物经常出没的生境选择夹日法进行捕获或采集。实习一般不保留标本，除非进行专项研究或调查。

四、陆生动物研究型实习案例（一）
基于红外相机法的胡杨林塔里木兔活动节律研究

（一）实习目的
掌握红外相机法监测野生动物的使用方法。

（二）实习材料和用具
红外触发相机、锤子、铁丝或绑带、擦镜纸等。

（三）实习地概况
胡杨林研究样地为16团塔里木河源头大片胡杨林。

（四）实习内容

1. 布设样点

在胡杨林利用红外相机对野生动物进行监测，将相机置于野生动物经常活动的地点以及有明显活动的痕迹处（如粪便、卧迹等），从中选取10个位点布设红外相机。为避免相机在短时间内拍摄到重复的目标动物，确保两台相机间直线距离大于500 m。

2. 红外相机安装及参数设置

将红外相机固定于距离地面60~100 cm高的树干上，确保红外相机视野内无杂草，视野开阔，避免太阳光直射。记录每一台红外相机的编号、日期以及

GPS 位点等信息。

使用夜鹰（SG-990）红外相机，拍照像素设置为1 200万，视频分辨率设置为1 920×1 080。拍摄模式设置为混合拍摄，即连续拍摄3张照片并录制一段10 s的视频，连续2次拍照的时间间隔设置为10 s，全天候监测。照片是为了数据处理分析，视频为了便于目标物种的鉴定。每台红外相机使用8节5号电池供电，1张内存卡保存数据，每1~3个月更换一次电池及内存卡。对于丢失或没有拍摄到野生动物的相机位点，则在该位点所在的500 m范围内另选一处位点重新放置红外相机进行监测。

3. 数据分析

照片提取：提取照片中的照片编号、工作天数、拍摄日期、拍摄时间等信息，并对照片中的物种进行整理与命名，同时筛选出塔里木兔，在 Microsoft Excel 2010 上进行数据统计。

红外相机拍摄情况统计：统计本次调查研究获得有效位点数据的点位数，累计相机工作日数量。拍摄到塔里木兔的相机数量，共获得独立有效照片张数。

活动节律分析：统计一天中出现几个活动高峰，上午的活动高峰在什么时间段，活动的最高峰在几点，下午的活动高峰在几点，活动的最高峰在几点，活动低谷出现在几点，在哪个时间段几乎没有活动。

（五）作业

红外相机布设需要注意的事项，塔里木兔活动节律类型。

五、陆生动物研究型实习案例（二）
塔克拉玛干荒漠绿洲交错区爬行动物密度调查

（一）实习目的

掌握爬行动物密度调查的方法和规范。

（二）实习材料和用具

定位仪（手机软件如 GPS 工具箱等）、直尺、电子秤、红外探测仪、样本采集工具等。爬行动物调查应携带蛇钩或蛇叉、蛇袋、抄网、桶、手术剪、镊子等。

（三）实习地概况

位于塔克拉玛干沙漠北缘荒漠绿洲交错区的第一师12团，周围有水渠、沙漠区和农田果园，爬行动物物种相对比较丰富。

（四）实习内容

1. 调查时间

爬行动物活动季节一般是4—10月，实习一般是在5—6月。于白天开展调查工作，但避免凌晨和正午时分。

2. 调查准备

明确调查目标，查阅相关文献资料制订调查计划。

3. 调查方法

抽样：选择爬行动物栖息地，采用系统抽样方法，等距布设调查位点，在调查位点处布设调查样地，可以是调查样线、调查样方、调查样点等。

样线法：爬行动物调查样线长度以 500~1 000 m 为宜。样线宽度应根据视野情况确定，宜为 5~10 m，调查时，行进速度宜保持在 2 km/h 左右，记录样线内发现的爬行动物信息和影像。

样方法：爬行动物调查样方大小为 5 m×5 m 或 10 m×10 m。样方间隔应 100 m 以上。调查时，仔细检查样方内的爬行动物，记录信息和影像。爬行动物调查时，依次翻开样方内的石块或其他堆积物，检视其下可能藏匿的个体。

围栏陷阱法：就地取材，插木棍支撑或利用已有树干作支撑，将塑料薄膜固定在树干或木棍上形成围栏。围栏应垂直于地面，高出地面 30~50 cm，埋入地下至少 10 cm。围栏长度通常为 50 m 或 100 m。每间隔 10 m，在围栏两侧各挖半径 20~30 cm、深 35~50 cm 的坑，将桶分别埋入其中作为陷阱。陷阱口上沿应与地面平齐，陷阱边缘紧贴围栏。陷阱内可放置一些覆盖物如碎瓦片、大片树叶等，以备落入其中的两栖动物藏身；同时加入少量水（水深 1~5 cm），或将干草浸水后放入陷阱中，增加两栖、爬行动物的存活率。对于水位变动较大的河湖周边的陷阱，应根据水线距离增补陷阱，保持不同季节的陷阱距离水线位置一致。检查陷阱中的动物，检查陷阱时应注意防护，既不能伤害动物又不能被动物伤害到自身。调查结束后应将围栏全部收回、填埋陷阱。

4. 数据分析

（1）利用样线法估计种群密度和种群数量

每一物种的种群密度（D_i）按式（1）计算。

$$D_i = N_i / (L \times B) \tag{1}$$

式中：N_i——样线内物种 i 的个数；L——样线的长度；B——样线总的宽度。

（2）样线内每一物种相对种群密度（RD_i）按式（2）计算。

$$RD_i = D_i / \sum D_k \tag{2}$$

式中：$\sum D_k$——样线内所有物种种群密度的总和。

（3）每一物种的平均种群密度（D'）按式（3）计算。

$$D' = \sum D_i / n \tag{3}$$

式中：n——该物种分布总体内所含的样线数量。

（4）种群数量（M）按式（4）计算。

$$M = D' \times A \tag{4}$$

式中：A——该物种的分布区面积。

（五）作业

塔克拉玛干沙漠北缘荒漠绿洲交错区常见爬行动物有哪些？

第五章　塔里木盆地常见陆生动物特征及识别

一、常见无脊椎动物

蛛形纲

穴居狼蛛（*Lycosa singoriensis*）属蜘蛛目、狼蛛科、狼蛛属，是一种大型毒蛛。雌蛛体长28~40 mm，体重2.6~7.0 g，头胸部梨形，腹部椭圆形，全身背面呈灰黑或灰褐色，密被黑、白及棕色毛，胸板及腹部腹面密生黑色短毛。雄蛛体长24~32 mm，体重2.4~3.1 g，形状与雌蛛相近，但体色较浅，腹部较小。该蛛在国内主要分布于新疆、内蒙古等省区。在塔里木盆地荒漠绿洲区泥质土层营穴居生活。

蜱虫

蜱虫（*Ixodoidea*）属于寄螨目、蜱总科。成虫在躯体背面有壳质化较强的盾板，通称为硬蜱，属硬蜱科；无盾板者，通称为软蜱，属软蜱科。全国广泛分布，是一些人兽共患病的传播媒介和贮存宿主，在塔里木盆地广泛栖息在森林、灌木丛、草原、半荒漠地带，野外实习注意做好防护，并不要在野外长时间坐卧。

拟步甲科昆虫

拟步甲科（*Tenebrionidae*）是属昆虫纲、鞘翅目中的一科，世界性分布，以沙漠干旱地区多见，世界已知约25 000种。我国约276种。体形小到中等，几乎常呈单一的黑色或深褐色。触角11节（极少为10节），近端部变粗大甚至形成棒头。鞘翅完全掩盖腹背，腹部腹面可见腹板5节。跗节5-5-4，这是区别于其他科昆虫的重要特征。大多数食腐植质，有的食活植物的各个部分，少数是捕食性。多出现于尸体干化期，依据其在尸体上出现的时间和具体的种类，可用来进行死亡时间和死亡地点的推断。

二、常见两栖类

塔里木蟾蜍 *Bufo pewzowi*

无尾目、蟾蜍科、漠蟾属，雄蟾体长52~77 mm，雌蟾体长50~86 mm，皮肤粗糙，雄蟾头后及体背满布有白刺的小瘰疣，大瘰粒少；雌蟾体及四肢背面均较光滑，大疣较多；体腹侧及股腹面具扁平疣，其他部位光滑。雄蟾背面橄榄色、灰棕色等，斑点少或不显；雌蟾背面灰绿色，有少量醒目的墨绿色或黑褐色大圆斑，个别有脊纹，四肢有墨绿色或黑褐色横纹。腹面多为乳白色或乳黄色。

三、常见爬行类

虫纹麻蜥 *Eremias vermiculata*

有鳞目、蜥蜴科、麻蜥属，体形修长而甚平扁，头体长 47～63 mm，尾长 90～120 mm。头长为宽的 1.5 倍，约占头体长的 1/4。吻尖，与头的眼后部等长，吻鳞宽与高度大致相等。背面浅灰色或灰黄色，头及背部两侧有黑色小点或虫纹，背部正中有 3～5 条黑色纵纹，往后延伸至尾基汇成一条；腰侧的浅纹上方有一黑色纵带，沿其两侧到达尾的中部；四肢背面多白色圆斑。腹面全为白色。幼蜥的体纹与成蜥相仿，背上有 3～4 条黑色纵纹，纹间有与之平行的白色条纹。识别特征：眶下鳞伸入上唇鳞之间。股孔列相距甚近，中间有鳞 4～6 枚，每侧股孔 15～23 个。背部中央有纵条，两侧有斑点或由此而成的虫纹。广泛分布于国内西北地区。

密点麻蜥 *Eremias multiocellata*

有鳞目、蜥蜴科、麻蜥属，体形粗壮或较纤长，略为平扁。头体长 44～77 mm，尾长 56～112 mm。吻尖出，约与头的眼后部等长，吻鳞高大于其宽度。鼻鳞 3 枚，上鼻鳞紧接吻鳞；下鼻鳞形长，与第一、第二上唇鳞相接；后鼻鳞小，与前颊鳞、额鼻鳞相接。额鼻鳞单枚，大而略呈菱形。前额鳞 2 枚，内侧彼此相接，后缘的内、外侧分别与额鳞及眶上鳞前方的小鳞邻接。额鳞大，前宽后窄似圆盾，后部外侧与两边的眶上鳞相接，后缘紧接一对额顶鳞。顶鳞 1 对，覆于后头部；顶间鳞小，介于顶鳞及额顶鳞之间。无枕鳞。体色及斑纹变异较大，背面灰黄色或褐黄色，后头部的两侧各有 3 条白色纵纹，起自顶鳞外缘、眶下和上唇的后方，止于肩前部；背有 4 条浅色纵纹与黑纹相间，纹的外侧有 2～3 纵列黑缘白斑，延伸至尾后专处始隐失；前后肢之间的腰侧有一列黑缘的绿色或蓝色圆斑，往后延续成一条较宽的白色纵带；四肢背面饰有繁多的白斑。尾背两侧各有一纵列白斑，往后消失于尾之中部。腹面黄白色。幼蜥的体色及斑纹与成蜥相似。识别特征：股孔列相隔宽阔，有鳞 8～11 枚。前眶上鳞长于后眶上鳞；颔片相接处至领围的一纵列鳞 22～35 枚。腹面一横列鳞 14～18 枚。背部有纵行的浅纹及白斑。主要栖息于荒漠草原和荒漠，也可随同沙带伸入到干草原的局部地区、黄土高原和东北三江平原。

南疆沙蜥 *Phrynocephalus forsythii*

有鳞目、鬣蜥科、沙蜥属，体形较小，头体长 36～50 mm，尾长 48～62 mm。头卵圆形，长度与宽大致相等或稍长，眼间略凹；吻端圆钝；鼻鳞 2～3 枚，鼻间鳞 1 枚；鼻和眼部下方凹入，上颌微突。体短，背面被粒鳞，杂有少数大鳞或棱鳞；腹鳞菱形，后角呈尖刺形，但无棱脊。四肢细弱，上臂及下臂背面的鳞片光滑或带弱棱；前肢贴体前伸时第Ⅲ、第Ⅳ指超越吻端，指长顺序4-3-2-5-1，爪尖细；大腿和胫部背面被棱鳞；四肢腹面的鳞片菱形，平滑无棱。雄蜥后肢贴体前伸可达鼓膜部，雌体只及肩部或喉褶处；第Ⅲ、第Ⅳ趾栉缘发达，第Ⅲ趾内侧的栉弱。尾背只有少数棱鳞，尾下的棱鳞往后棱脊逐渐增强至尾尖。背面黄褐色，沿背脊中央有4~5对深黑色小圆斑。外侧腰部有一纵列暗斑，此外尚有一些模糊的褐斑及黄白色小点。颏部和唇上缀有暗纹或褐斑。四肢背面无深色横纹。胸腹部黄白色，唯雄蜥在腹部正中常有一黑色纵线。尾背有朦胧的横斑，腹面白色，尾尖下方黑色。

识别特征：背鳞光滑。无腋斑。沿背脊中央有4~5对清晰的深黑色小圆斑。四肢及尾背无深色横纹。尾的腹面白色与黑环相间，尾梢黑色。新疆天山山脉以南的广大地区。

叶城沙蜥 *Phrynocephalus axillaris*

有鳞目、鬣蜥科、沙蜥属，体长而宽，有体侧褶。背鳞光滑或有少数棱鳞，略呈覆瓦状排列；胸、腹鳞平滑，腹鳞菱形，末端尖出。四肢细长，仅于上臂、下臂及大腿背面偶有微弱的棱鳞；体形较大，头体长43~56 mm，尾长61~75 mm。头大，长宽约略相等；吻端尖，眼前斜下与上颌相交；鼻鳞2~3枚，鼻孔朝前，鼻孔间隔小，约为鼻孔至眼前褶长度的1/2，鼻间鳞狭长，1~3枚。头背被圆鳞，平铺或稍隆起，前额鳞最大，为眶上鳞的2倍左右，顶鳞较大。背面沙黄色，然其色纹变异极大。腹面黄白色，有红色腋斑。四肢和尾背有黑色横斑，尾的腹面有暗色半环3~6个，尾梢白色。幼蜥的尾和四肢较长，后肢贴体前伸时第4趾几达或超越吻端。尾的腹面鲜黄色，与黑环相间排列。

识别特征：鼻孔间距小，仅为鼻孔至眼前褶的长度之半。有红色腋斑。尾的腹面有黑环，尾尖白色。广泛分布于新疆天山山脉南部地区，栖息在戈壁荒漠或沙漠边缘地带。

新疆岩蜥 *Laudakia stoliczkana*

有鳞目、鬣蜥科、岩蜥属，全长雄性（140~222）mm（新疆库尔勒），雌性（132~206）mm（新疆哈密庙儿沟）。体型较大，背腹扁平，四肢健壮，指趾及爪发达，尾圆柱形。头略呈三角形，鼻孔较小，位于近吻端两侧，开口向外后方；眼大小适中；耳孔较大，略小于眼径，无外耳道，鼓膜位于表面。吻鳞宽大于高，上缘弧形；头背鳞片大小不一，吻背者最大，眶背面者最小，均平滑无棱；吻背与额部（两眶背面中间区域）略隆起。顶眼鳞在头顶中央略大，围以一圈小粒鳞，顶眼鳞上一小白点即顶眼。通体浅褐色，背面散以黑褐细点，体背及四肢背面尤为密集，头背者稀疏；腹面带黄白色，头腹灰褐色，前部散以较大浅棕点斑；上下唇缘浅棕色，有黑褐色略呈横斑；尾有黑褐与浅褐相间环纹。广泛分布于塔里木盆地周缘，向东北延伸达新疆东部哈密、甘肃等地。

识别特征：尾部鳞片排列成环，每 4 环组成一节；体侧鳞远小于背鳞。

新疆沙虎 *Teratoscincus przewalskii*

有鳞目、壁虎科、沙虎属，全长 120~159 mm，头体长大于尾长，为尾长的 1.44~1.82 倍。体粗壮而略扁平。四肢健壮，尾粗短。吻钝尖，头部略似三角形，头宽而且高，头宽接近头长，明显大于颈宽。躯干背面覆瓦状大鳞始自肩、颈之间。腹面的覆瓦状鳞显著比背面的大。在体中部环体排成 32~39 纵列，前肢除上臂腹面外均被覆瓦状鳞。后肢除大腿背面后 1/2 及后缘外，均被覆瓦状鳞。尾的截面成圆形。尾部背面有一列指甲状大鳞，通常为 11~14 枚。尾侧及尾腹面被覆瓦状鳞。体呈浅肉红色，在枕后及颈背各有一不完全连续的"U"形紫褐斑。躯干背面和尾背分别有 4 条及 2 条不明显的暗色宽横斑，体侧散布紫褐色点斑。分布在蒙新高原，东起内蒙古巴丹吉林沙漠的居延海畔，经河西走廊、吐鲁番盆地沿天山南麓至新疆西部。识别特征：头大。眶间鳞 48~58 列，体背的覆瓦状大鳞前达肩、颈之间。指、趾不扩展，两侧具栉缘。

新疆漠虎 *Alsophylax przewalskii*

是壁虎科漠虎属的一种动物。鼻孔位于吻鳞、第一上唇鳞、鼻鳞及 1 枚副鼻鳞间。体背被小粒鳞及具棱的疣鳞，疣鳞长圆，成纵长行，10~12 纵列。前肢细弱，后肢中等大，尾圆柱形。雄性具肛前窝 5~6 个，呈"⌒"形横列。1 条浅棕纹自吻端至上眼睑，其下有浅棕色纵纹自吻端经眼、耳孔，沿体背侧延伸至尾端，两者间的吻侧具浅色纵斑，背中央及两侧有不明显纵纹，尾部背面有 2~3 条浅色纵纹。

识别特征：体沙色，体细小，略纵扁，头体长 32 mm 左右，小于尾长。体背中央及两侧有不明显的纵斑。疣鳞椭圆，成纵列或横列。尾不具棘状疣鳞。雄性肛前孔 5~6 个。

红沙蟒 *Eryx miliaris*

一般体长 400 mm，最大全长雌性（418+34）mm，体背面淡褐色和砖红色，具黑褐色横斑。腹面灰白色，有黑点，幼体与成体颜色无差异。吻鳞宽而低，中央呈三角形突起弯向背面；左右前鼻鳞在吻鳞后相切；鼻孔小，呈裂缝状，位三片鼻鳞间，前鼻鳞最大；眼小，近背面，两眼之间有 7~8 片鳞，环绕眼的四周有 8~12 枚鳞；上唇鳞 11~12 枚；下唇鳞较小，每侧 19 枚。背鳞小，41~47 行，平滑无棱；腹鳞较背鳞大，191~202 枚；尾短而圆钝，绿下鳞单行，23~32 枚。识别特征：体型较小，头颈不分明，全身被以较小鳞片，尾短，末端钝圆。广泛分布于国内西北地区，栖居于沙土或黄土、黏土地带。在沙土或黄土地区掘穴而居，穴距地表常约 10 cm，在黏土地区则利用黄鼠、跳鼠、沙土鼠或其他啮齿类洞穴。

棋斑水游蛇 *Natrix tessellata*

有鳞目、游蛇科、水游蛇属的一种动物。雌蛇体型较雄性大，它们体长最长可达 1~1.3 m。主要分布于欧洲及亚洲，在我国仅见于新疆西部的一种大型游蛇，其身体颜色多呈灰绿色和褐色，或接近黑色，背部有黑点状的斑纹。腹部有时会呈黄色或橙色一类鲜艳的颜色，隐约可见数行排列的粗大黑色棋斑。鼻间鳞前端极窄，鼻孔位于近背侧，通常内有数枚上唇鳞入眶，眶前鳞常为 3 枚。主要进食鱼类，经常居于近河流或湖畔的地方，偶尔会捕食两栖动物，如蛙类、蟾蜍等。此蛇种不能分泌毒素，作为自卫手段它们会在感应到危机的时候从泄殖腔位置释放强烈的异味；另外，它们也会利用假死法来欺骗对手，让自己得以脱险。

识别特征：背面橄榄灰色，隐约可见数行交错排列的粗大黑色棋斑。鼻间鳞前端极窄，鼻孔位于近背侧；通常只有 1 枚上唇鳞入眶；眶前鳞常为 3 枚。

花条蛇 *Psammophis lineolatus*

有鳞目、游蛇科、花条蛇属的一种动物。中小型蛇类，全长 1 m 左右。头颈区分明显，吻棱显著，躯干圆柱形，背鳞平滑。背面灰褐色，具 4 条黑褐色纵线纹，腹面黄白色或白色，腹鳞两外侧有深色纵线。在中国新疆、宁夏、青海有分布；国外分布于巴基斯坦、西亚北部到里海，经中亚向东到蒙古国。全疆各地均有分布，主要栖息于荒漠、半荒漠草原干旱地带，或沙漠边缘干草原，牧草较为茂密的地方，常隐蔽于洞穴或草丛中，白天活动于地面或灌丛。行动迅速，食沙蜥、麻蜥等，幼蛇食昆虫。其胆囊可作药用，具有清肺，凉肝，明目，解毒等功效。并且该物种已被列入国家林业局 2000 年 8 月 1 日发布的《国家保护的有益的或者有重要经济、科学研究价值的陆生野生动物名录》。

识别特征：头窄长，吻棱明显，体较细长，全长 1 m 左右。背面淡黄色，具四条黑色纵线纹，向前伸达头背及头侧；腹面白色，腹鳞两外侧散有深色纵线。

四、常见鸟类

雉鸡 *Psammophis lineolatus*

鸡形目、雉科、雉属的一种走禽。头顶青铜绿色，无白色眉纹和颈圈（雉鸡塔里木亚种）；上背淡金橙色，各羽端缘中央的缺刻具一小黑斑；下背和腰等橄榄黄色，杂以绿色和栗色斑；翅上小覆羽淡灰，大覆羽淡沙褐色而具栗色斑；胸的极上部和极下部暗绿，其余部分为紫铜红色；两胁棕黄，而具黑色斑点。国内分布范围最广，除西藏羌塘高原及海南以外，遍及全国。识别特征：体形较家鸡略小，但尾巴却较长得多。雄鸟羽色华丽，不同亚种颈部有或无白色颈圈，与金属绿色的颈部，形成显著的对比；尾羽长而有横斑。雌鸟的羽色暗淡，大都为褐和棕黄色，而杂以黑斑；尾羽也较短。

大白鹭 *Ardea alba*

鹳形目、鹭科、白鹭属，体型大，颈长且呈弯曲状，体羽白，仅下背具蓑羽，雄性成鸟通体全白，无羽冠，胸部亦无蓑羽。雌雄同色。虹膜淡黄色、眼先裸部蓝绿色（冬季黄色）、嘴繁殖期基本变黑，冬季则变黄，脚及趾均黑。栖息于稻田、湖泊、河流及沼泽地，黑龙江流域、呼伦池、新疆中部和西部、福建西北部及云南东南部为繁殖鸟；内蒙古、甘肃、陕西、青海、西藏、吉林、河南、江西、广东及长江下游为旅鸟或冬候鸟；偶见于辽宁、河北、四川、湖北、台湾及海南。识别特征：体型大，颈长且呈弯曲状，体羽白，仅下背具蓑羽，嘴繁殖期基本变黑，冬季则变黄，脚及趾均黑。

凤头䴙䴘 *Podiceps cristatus*

也称冠䴙䴘、浪里白，是䴙䴘目、䴙䴘科、䴙䴘属的一种鸟类。欧洲、亚洲、非洲和大洋洲都有凤头䴙䴘或其亚种分布。该物种的模式产地在瑞典。成年个体颈修长，有显著的黑色羽冠。下体近乎白色而具光泽，上体灰褐色。上颈部有一圈带黑端的棕色羽，形成皱领。后颈为暗褐色，两翅暗褐，杂以白斑。眼先、颊白色。胸侧和两胁淡棕。冬季黑色羽冠不明显，颈上饰羽消失。下体近白色，上体灰褐色。翅短，尾羽退化或消失。足位于身体后部，有蹼，爪钝而宽阔。体长 50 cm 以上，雄雌差别不大。为冬候鸟。栖息于沿海地区、湖泊、水库、江河等水域。其食物鱼、虾、水生昆虫、部分水生植物。常成对或小群活动。善游泳、潜水，不善飞行。夏季见于我国东北部至西南部，内蒙古（东北部呼伦贝尔至西部弱水），宁夏，新疆（西部），青海湖，西藏（西部班公湖至南部羊卓雍湖），迁徙至东北南部，华北各省，西至陕西，冬在长江以南地区，西抵云南，西藏（南部），甚至在台湾偶见。国外主要分布在欧亚大陆的中部和南部，非洲（除沙漠地以外），澳大利亚（东部），新西兰。

识别特征：修长，有显著的黑色羽冠。下体近乎白色而具光泽，上体灰褐色。上颈有一圈带黑端的棕色羽，形成皱领。后颈暗褐色，两翅暗褐，杂以白斑。眼先、颊白色。胸侧和两胁淡棕。冬季黑色羽冠不明显，颈上饰羽消失。

普通鸬鹚 *Phalacrocorax carbo*

鲣鸟目、鸬鹚科、鸬鹚属的一种大型水鸟。体长 72~87 cm，体重大于 2 kg。通体黑色，头颈具紫绿色光泽，两肩和翅具青铜色光彩，嘴角和喉囊黄绿色，眼后下方白色，繁殖期间脸部有红色斑，头颈有白色丝状羽，下胁具白斑。嘴强而长，锥状，先端具锐钩，适于啄鱼，下喉有小囊。脚后位，趾扁，后趾较长，具全蹼，飞时颈和脚均伸直。栖息于河流、湖泊、池塘、水库、河口及其沼泽地带。常成群栖息于水边岩石上或水中，呈垂直站立姿势。在水中游泳时身体下沉较多，颈向上伸直，头微向上仰。栖息于河流、湖泊、池塘、水库、河口及其沼泽地带。常小群活动。善游泳和潜水，游泳时颈向上伸得很直、头微向上倾斜，潜水时首先半跃出水面、再翻身潜入水下。主要通过潜水捕食，以各种鱼类为食。多数为留鸟，特别是在中国南方繁殖的种群一般不迁徙；在黄河以北繁殖的种群，冬季一般都要迁到黄河或长江以南地区越冬。分布于欧洲、亚洲、非洲、澳大利亚和北美。繁殖在北半球北部，越冬在繁殖地南部。在中国中部和北部繁殖，大群聚集青海湖。迁徙经中国中部，冬季至南方省份、海南岛及台湾越冬。香港米埔自然保护区每年冬天有上万只鸬鹚越冬，部分鸟整年留在那里，其他地点罕见。

识别特征：体长 72~87 cm，体重大于 2 kg。通体黑色，头颈具紫绿色光泽，两肩和翅具青铜色光彩，嘴角和喉囊黄绿色，眼后下方白色，繁殖期间脸部有红色斑，头颈有白色丝状羽，下胁具白斑。

苍鹭 *Ardea cinerea*

鹳形目、鹭科、鹭属的一种涉禽，也是鹭属的模式种。雄鸟头顶中央和颈白色，头顶两侧和枕部黑色。羽冠为 4 根细长的羽毛形成，分为两条位于头顶和枕部两侧，状若辫子，颜色为黑色，前颈中部有 2~3 列纵行黑斑。上体自背至尾上覆羽苍灰色，尾羽暗灰色，两肩有长尖而下垂的苍灰色羽毛，羽端分散，呈白色或近白色。初级飞羽、初级覆羽，外侧次级飞羽黑灰色，内侧次级飞羽灰色，大覆羽外侧浅灰色，内侧灰色；中覆羽、小覆羽浅灰色，三级飞羽暗灰色，亦具长尖而下垂的羽毛。颏、喉白色，颈的基部有呈披针形的灰白色长羽披散在胸前。胸、腹白色；前胸两侧各有一块大的紫黑色斑，沿胸、腹两侧向后延伸，在肛周处汇合。两胁微缀苍灰色。腋羽及翼下覆羽灰色，腿部羽毛白色。虹膜黄色，眼先裸露部分黄绿色，喙黄绿色，跗蹠和趾黄褐色或深棕色，爪黑色。幼鸟似成鸟，但头颈灰色较浓，背微缀有褐色。常栖息于江河、溪流、湖泊、水塘、海岸等水域岸边及其浅水处，性格孤僻，严冬时节在沼泽边常可以看到独立寒风中的苍鹭。在浅水区觅食，主要捕食鱼及青蛙以及哺乳动物和鸟。是欧亚大陆与非洲大陆的湿地中极为常见的水鸟。分布于非洲、马达加斯加、欧亚大陆，从英伦三岛往东到远东海岸和萨哈林岛和日本，往南到朝鲜、蒙古国、伊拉克、伊朗、印度、中国和中南半岛一些国家。通常在南方繁殖的种群不迁徙为留鸟，在东北等寒冷地方繁殖的种群冬季都要迁到南方越冬。成对和成小群活动，迁徙期间和冬季集成大群，有时亦与白鹭混群。

识别特征：嘴长而尖，颈细长，脚长；体羽主要呈青灰色。成鸟前额和颈白色，枕冠黑色。

赤麻鸭 *Tadorna ferruginea*

雁形目、鸭科、麻鸭属的一种游禽。体型较大，体长 51~68 cm，体重约 1.5 kg，比家鸭稍大。雄鸟头顶棕白色；颊、喉、前颈及颈侧淡棕黄色；下颈基部在繁殖季节有一窄的黑色领环；胸、上背及两肩均赤黄褐色；下背稍淡；腰羽棕褐色，具暗褐色虫蠹状斑；尾和尾上覆羽黑色；翅上覆羽白色，微沾棕色；小翼羽及初级飞羽黑褐色，次级飞羽外翈辉绿色，形成鲜明的绿色翼镜，三级飞羽外侧3枚外翈棕褐色；下体棕黄褐色，其中以上胸和下腹以及尾下覆羽最深；腋羽和翼下覆羽白色。雌鸟羽色和雄鸟相似，但体色稍淡，头顶和头侧几乎白色，颈基无黑色领环。幼鸟和雌鸟相似，但稍暗些，微沾灰褐色，特别是头部和上体。虹膜暗褐色，嘴和附跖黑色。栖息于开阔草原、湖泊、农田等环境中，以各种谷物、昆虫、甲壳动物、蛙、虾、水生植物为食。属于迁徙性鸟类，每年3月初至3月中旬当繁殖地的冰雪刚开始融化时就成群从越冬地迁来，10月末至11月初又成群从繁殖地迁往越冬地。主要繁殖于欧洲东南部、地中海沿岸、非洲西北部、亚洲中部和东部，越冬在日本、朝鲜半岛、中南半岛、印度、缅甸、泰国和非洲尼罗河流域等地。

识别特征：体大（63 cm），橙栗色鸭类。头皮黄，外形似雁。雄鸟夏季有狭窄的黑色领圈。飞行时白色的翅上覆羽及铜绿色翼镜明显可见。嘴和腿黑色，虹膜褐色；嘴近黑色；脚黑色。

绿头鸭 *Anas platyrhynchos*

雁形目、鸭科、鸭属的一种大型鸭类。体长47~62 cm，体重大约1 kg，外形大小和家鸭相似。雄鸟头、颈绿色，具辉亮的金属光泽。颈基有一白色领环。上背和两肩褐色，密杂以灰白色波状细斑，羽缘棕黄色；下背黑褐色，腰和尾上覆羽绒黑色，微具绿色光泽。中央两对尾羽黑色，向上卷曲成钩状，外侧尾羽灰褐色，具白色羽缘，最外侧尾羽大都灰白色。两翅灰褐色，翼镜呈金属紫蓝色，其前后缘各有一条绒黑色窄纹和白色宽边。颏近黑色，上胸浓栗色，具浅棕色羽缘；下胸和两胁灰白色，杂以细密的暗褐色波状纹。腹部淡色，亦密布暗褐色波状细斑。尾下覆羽绒黑色。雌鸟头顶至枕部黑色，具棕黄色羽缘；头侧、后颈和颈侧浅棕黄色，杂有黑褐色细纹；贯眼纹黑褐色；上体亦为黑褐色，具棕黄或棕白色羽缘，形成明显的"V"形斑；尾羽淡褐色，羽缘淡黄白色；两翅似雄鸟，具紫蓝色翼镜；颏和前颈浅棕红色，其余下体浅棕色或棕白色，杂有暗褐色斑或纵纹。虹膜棕褐色，雄鸟嘴黄绿色或橄榄绿色，嘴甲黑色，跗蹠红色；雌鸟嘴黑褐色，嘴端暗棕黄色，跗蹠橙黄色。幼鸟似雌鸟，但喉较淡，下体白色，具黑褐色斑和纵纹。通常栖息于淡水湖畔，或成群活动于江河、湖泊、水库、海湾和沿海滩涂盐场等水域。鸭脚趾间有蹼，但很少潜水，游泳时尾露出水面，善于在水中觅食、戏水和求偶交配。喜欢干净，常在水中和陆地上梳理羽毛精心打扮，睡觉或休息时互相照看。以植物为主食，也吃无脊椎动物和甲壳动物。分布于欧洲、亚洲和北美洲温带水域。越冬在欧洲、亚洲南部、北非和中美洲一带。属迁徙型鸟类，春季迁徙在3月初至3月末，秋季迁徙在9月末至10月末，部分迟至11月初。迁徙系分批逐步地进行，特别是秋季迁徙最明显。

识别特征：中等体型（58 cm），为家鸭的野型。雄鸟头及颈深绿色带光泽，白色颈环使头与栗色胸隔开。雌鸟褐色斑驳，有深色的贯眼纹。较雌针尾鸭尾短而钝；较雌赤膀鸭体大且翼上图纹不同。虹膜褐色；嘴黄色；脚橘黄。

游隼 *Falco peregrinus*

隼形目、隼科、隼属（高山隼亚属）的中型猛禽，共有 18 个亚种。游隼是体形比较大的隼类，体长为 38～50 cm，翼展 95～115 cm，体重 647～825 g，寿命约 11 年。头顶和后颈暗石板蓝灰色到黑色，有的缀有棕色；背、肩蓝灰色，具黑褐色羽干纹和横斑，腰和尾上覆羽亦为蓝灰色，但稍浅，黑褐色横斑亦较窄；尾暗蓝灰色，具黑褐色横斑和淡色尖端；翅上覆羽淡蓝灰色，具黑褐色羽干纹和横斑；飞羽黑褐色，具污白色端斑和微缀棕色斑纹，内翈具灰白色横斑；脸颊部和宽阔而下垂的髭纹黑褐色。喉和髭纹前后白色，其余下体白色或皮黄白色，上胸和颈侧具细的黑褐色羽干纹，其余下体具黑褐色横斑，翼下覆羽，腋羽和覆腿羽亦为白色，具密集的黑褐色横斑。幼鸟上体暗褐色或灰褐色，具皮黄色或棕色羽缘。下体淡黄褐色或皮黄白色，具粗著的黑褐色纵纹。尾蓝灰色，具肉桂色或棕色横斑。虹膜暗褐色，眼睑和蜡膜黄色，嘴铅蓝灰色，嘴基部黄色，嘴尖黑色，脚和趾橙黄色，爪黄色。普通亚种幼鸟爪玉白色，与猎隼类似。它们主要栖息于山地、丘陵、半荒漠、沼泽与湖泊沿岸地带。遍布世界各地，一部分为留鸟，一部分为候鸟，黑龙江、吉林为夏候鸟；辽宁、北京、河北、内蒙古、山西为旅鸟；上海、浙江、台湾、广东、广西为冬候鸟。新疆亚种极为罕见，仅见于新疆，为繁殖鸟。南方亚种也极为罕见，在上海、青海、宁夏为旅鸟，贵州、云南为冬候鸟，其他地区均为偶见迷鸟。东方亚种更是极为罕见，仅记录于浙江缙云，为冬候鸟，这个亚种也可能还产于台湾。隼类都为一夫一妻制，除非其中一方不幸遇难，否则一般都终生相随。现存数量较少，2021 年列入中国《国家重点保护野生动物名录》二级。同时，它也是阿拉伯联合酋长国和安哥拉的国鸟。

识别特征：头顶、后颈、头和颈的两侧以及形短的髭纹概黑沾蓝、头羽各贯以黑纹，上体余部包括两翅的内侧覆羽呈灰蓝色，各羽纵贯以黑褐色羽干，并微具暗褐色横斑；飞羽黑褐，内翈亦杂以灰白缀黑的横斑；尾呈灰蓝与黑色相杂的横斑。下体在前纯白沾棕；腹羽缀以具有矛头状的细纹，至两胁和尾下覆羽转为黑斑，横斑在羽干处亦略伸成矛头状。眼褐色；脸和虹膜黄；嘴灰蓝色，基部带黄绿色；脚和趾均橙黄，爪黑。

白骨顶 *Fulica atra*

鹤形目、秧鸡科、骨顶属的中型游禽。全体灰黑色，具白色额甲，趾间具瓣蹼。嘴长度适中，高而侧扁。头具额甲，白色，端部钝圆。跗跖短，短于中趾不连爪。大多数潜水取食沉水植物，趾均具宽而分离的瓣蹼。体羽全黑或暗灰黑色，多数尾下覆羽有白色，上体有条纹，下体有横纹。两性相似。身体短而侧扁，以利于在浓密的植物丛中穿行。头小，颈短或适中，颈椎 14~15 节。翅很宽短圆，第 1 枚初级飞羽较第 2 枚为短。第 2 枚初级飞羽最长，第 1 枚初级飞羽与第 5 枚或第 6 枚初级飞羽等长。尾短，尾羽 6~16 枚，通常 12 枚，尾端方形或圆形，常摇摆或翘起尾羽以显示尾下覆羽的信号色。通常腿、趾均细长，有后趾，用来在漂浮的植物上行走，趾两侧延伸成瓣蹼用来游泳。虹膜红褐色。嘴端灰色，基部淡肉红色。腿、脚、趾及瓣蹼橄榄绿色，爪黑褐色。栖息于有水生植物的大面积静水或近海的水域。善游泳，能潜水捕食小鱼和水草，游泳时尾部下垂，头前后摆动，遇有敌害能较长时间潜水。杂食性，但主要以植物为食，其中以水生植物的嫩芽、叶、根、茎为主，也吃昆虫、蠕虫、软体动物等。广布于欧亚大陆、非洲、印度尼西亚、澳大利亚和新西兰。在中国分布甚广，几乎遍布全国各地，北至黑龙江、内蒙古，东至吉林长白山，西至新疆天山、西藏喜马拉雅山，南至云南、广西、广东、福建、香港、台湾和海南。在中国北部为夏候鸟，长江以南为冬候鸟。每年 3 月下旬即开始迁来东北繁殖地。常成群活动于部分融化的冰面上，秋季于 10 月中下旬迁离繁殖地。雏鸟早成性，刚出壳时体重 22~25 g，全身被有黑色绒羽，头部具橘黄色绒羽，头顶及眼后有稀疏毛状纤羽，上眼眶呈淡紫蓝色，跗蹠黑色，嘴和额红色，出壳后当天即能游泳，1 岁或不足 1 岁便开始繁殖。

识别特征：头和颈纯黑、辉亮，上体余部及两翅石板灰黑色，向体后渐沾褐色。初级飞羽黑褐色，第 1 枚初级飞羽外翈边缘白色，内侧飞羽羽端白色，形成明显的白色翼斑。下体浅石板灰黑色，胸、腹中央羽色较浅，羽端苍白色；尾下覆羽黑色。

黑水鸡 *Gallinula chloropus*

鹤形目、秧鸡科、黑水鸡属的中型涉禽，共有 12 个亚种。体长 24~35 cm，成鸟两性相似，雌鸟稍小。额甲鲜红色，端部圆形。头、颈及上背灰黑色，下背、腰至尾上覆羽和两翅覆羽暗橄榄褐色。飞羽和尾羽黑褐色，第 1 枚初级飞羽外翈及翅缘白色。下体灰黑色，向后逐渐变浅，羽端微缀白色；下腹羽端白色较大，形成黑白相杂的块斑；两胁具宽的白色条纹；尾下覆羽中央黑色，两侧白色。翅下覆羽和腋羽暗褐色，羽端白色。幼鸟上体棕褐色，飞羽黑褐色。头侧、颈侧棕黄色，颏、喉灰白色，前胸棕褐色，后胸及腹灰白色。虹膜红色，嘴端淡黄绿色；上嘴基部至额板深血红色；下嘴基部黄色。额板末端呈圆弧状，仅达前额。脚黄绿色，裸露的胫上部具宽阔的红色环带。胫的裸出部前方和两侧橙红色，后面暗红褐色。跗蹠前面黄绿色，后面及趾石板绿色，爪黄褐色。游泳时身体露出水面较高，尾向上翘，露出尾后两团白斑很远即能看见。常栖息于灌木丛、蒲草和苇丛，善潜水，多成对活动，以水草、小鱼虾和水生昆虫等为食。广泛分布于除大洋洲以外的世界各地。在我国繁殖于新疆西部、华东、华南、西南、海南、台湾及西藏东南的中国大部地区。在北纬23°以南越冬，为较常见留鸟和夏候鸟。雏鸟早成性。刚孵出的雏鸟通体北有黑色绒羽，嘴尖白色，其后一直到额甲为红色。孵出的当天即能下水游泳。

识别特征：嘴基和额甲红色，额甲后端圆钝；趾具侧膜缘；两性相同。头、颈、上背及下体灰黑色，而下背和双翅橄榄褐色；下腹有一大块白斑；尾下覆羽两侧白色，中央黑色。

黑翅长脚鹬 *Himantopus himantopus*

鸻形目、反嘴鹬科、长脚鹬属，是一种修长的黑白色涉禽，体长约37 cm，共有4个亚种。夏羽：雄鸟额白色，头顶至后颈黑色，或白色而杂以黑色。翕、肩、背和翅上覆羽也为黑色，且富有绿色金属光泽。初级飞羽、次级飞羽和三级飞羽黑色，微具绿色金属光泽，飞羽内侧黑褐色。腰和尾上覆羽白色。有的尾上覆羽沾有污灰色。尾羽淡灰色或灰白色，外侧尾羽近白色；额、前头、两颊自眼下缘、前颈、颈侧、胸和其余下体概为白色。腋羽也为白色，但飞羽下面黑色。雌鸟和雄鸟基本相似，但整个头、颈全为白色。上背、肩和三级飞羽褐色。冬羽：和雌鸟夏羽相似，头颈均为白色，头顶至后颈有时缀有灰色。虹膜红色，嘴细而尖，黑色。脚细长，血红色。幼鸟褐色较浓，头顶及颈背沾灰。栖息于开阔平原草地中的湖泊、浅水塘和沼泽地带。非繁殖期也出现于河流浅滩、水稻田、鱼塘和海岸附近之淡水或盐水水塘和沼泽地带。常单独、成对或成小群在浅水中或沼泽地上活动，主要以软体动物、虾、甲壳类、环节动物、昆虫、昆虫幼虫，以及小鱼和蝌蚪等动物性食物为食。繁殖期为5—7月，每窝产卵4枚。繁殖于欧洲东南部、塔吉克斯坦和中亚国家，越冬于非洲和东南亚，偶尔到日本。

识别特征：头顶及翅黑色；尾羽灰褐，余部白色。嘴形细长而直，鼻沟不伸过嘴长之半。胫和跗跖特别细长，跗跖长度超过中趾（连爪）长度的2倍。粉红色。足仅有3趾。

环颈鸻 *Charadrius alexandrinus*

鸻行目、鸻科、鸻属的中小型涉禽，全长约16 cm。雄性成鸟（繁殖羽）额前和眉纹白色；头顶前部具黑色斑，且不与穿眼黑褐纹相连。头顶后部、枕部至后颈沙棕色或灰褐色。后颈有一条白色领圈。上体余部，包括背、肩、翅上覆羽、腰、尾上覆羽灰褐色，腰的两侧白色。飞羽黑褐色，羽干白色；内侧的初级飞羽外翈基部白色，与次级飞羽的白色末梢一起构成白色翅斑（飞行时可见）。两侧尾羽白色，中央尾羽黑褐色，向端部渐黑。下体，包括颏、喉、前颈、胸、腹部白色，只在胸部两侧有独特的黑色斑块。翼下覆羽和腋羽白色。雌性成鸟（繁殖羽）缺少黑色，在雄性是黑色的部分，在雌性则被灰褐色或褐色所取代。非繁殖羽（冬羽）：同繁殖期的雌性成鸟一样暗淡，头部缺少黑色和棕色，胸侧的块斑为浅淡的灰褐色，面积明显缩小。虹膜暗褐；嘴纤细，黑色。跗蹠稍黑，有时为淡褐色或者黄褐色，爪黑褐色。属于迁徙性鸟类，具有极强的飞行能力。通常沿海岸线、河道迁徙。生活环境多与湿地有关，离不开水。栖息于海滨、岛屿、河滩、湖泊、池塘、沼泽、水田、盐湖等湿地之中。分布于欧洲、亚洲、非洲和美洲的许多国家。

识别特征：额与眉纹白色，雄性成鸟头顶前部具黑色带斑，头顶后部及后颈为灰沙褐色。后颈具显著的白领圈；胸侧的黑斑不在胸前汇合成胸带。飞羽和尾羽黑褐色；飞行时翅上有白斑，并一直连向尾部。下体余部白色。嘴细而直，黑色。

红脚鹬 *Tringa totanus*

又称东方红腿，是鸻行目、鹬科、鹬属的鸟类，体长 28 cm。夏羽：头及上体灰褐色，具黑褐色羽干纹。后头沾棕。背和两翅覆羽具黑色斑点和横斑。下背和腰白色。尾上覆羽和尾也是白色，但具窄的黑褐色横斑。初级飞羽黑色，内侧边缘白色，大覆羽羽端白色，次级飞羽白色，第一枚初级飞羽羽轴白色。自上嘴基部至眼上前缘有一白斑。额基、颊、颏、喉、前颈和上胸白色，具细密的黑褐色纵纹，下胸、两胁、腹和尾下覆羽白色。两胁和尾下覆羽具灰褐色横斑。腋羽和翅下覆羽也是白色。冬羽：头与上体灰褐色，黑色羽干纹消失，头侧、颈侧与胸侧具淡褐色羽干纹，下体白色，其余似夏羽。尾上具黑白色细斑。虹膜黑褐色，嘴长直而尖，基部橙红色，尖端黑褐色。脚较细长，亮橙红色，繁殖期变为暗红色。幼鸟橙黄色。常成小群迁徙。生活于草地、湖泊、沿海等地，主要以各种小型动物为食。该物种世界均有分布，繁殖于非洲及古北界；冬季南移远及苏拉威西、东帝汶及澳大利亚。在中国繁殖于东北地区，为夏候鸟和冬候鸟。春季于 3—4 月迁到东北繁殖地，秋季于 9—10 月迁离繁殖地。

识别特征：上体褐灰，下体白色，胸具褐色纵纹。比红脚的鹤鹬体型小，矮胖，嘴较短较厚，嘴基红色较多。飞行时腰部白色明显，次级飞羽具明显白色外缘。尾上具黑白色细斑。虹膜褐色；嘴基部红色，端黑；脚橙红色。

渔鸥 *Larus ichthyaetus*

鸥行目、鸥科、鸥属，体长 68 cm，是形体较大的背灰色鸥。夏羽：头黑色，眼上下具白色斑。后颈、腰、尾上覆羽和尾白色。背、肩、翅上覆羽淡灰色，肩羽具白色尖端。初级飞羽白色，具黑色亚端斑；内侧 3 枚初级飞羽灰色。第 1~2 枚初级飞羽外侧黑色。次级飞羽灰色，具白色端斑，下体白色。冬羽头白色，具暗色纵纹，眼上眼下有星月形暗色斑。其余似夏羽。幼鸟上体呈暗褐色和白色斑杂状，腰和下体白色，尾白色，具黑色亚端斑。第一冬的鸟头白，头及上背具灰色杂斑，嘴黄而端黑，尾端黑色。虹膜暗褐色，嘴粗状。黄色，具黑色亚端斑和红色尖端；脚和趾黄绿色，幼鸟嘴黑色，脚和趾褐色。栖于三角洲沙滩、内地海域及干旱平原湖泊。常在水上休息。常见于大型湖泊。繁殖地从黑海至蒙古国、中国；越冬在地中海东部、红海至缅甸沿海及泰国西部。

识别特征：头黑而嘴近黄，上下眼睑白色，看似巨型的红嘴鸥，但嘴厚重且色彩有异。体型与银鸥相同或略大。冬羽：头白，眼周暗斑，头顶有深色纵纹，嘴上红色大部分消失。飞行时翼下全白，仅翼尖有小块黑色并具翼镜。虹膜褐色；嘴黄色，近端处为黑及红色环带；脚绿黄色。

红嘴鸥 *Larus ridibundus*

俗称水鸽子，属于鸥行目、鸥科、鸥属，体长37~43 cm，寿命约32年。夏羽：头至颈上部咖啡褐色，羽缘微沾黑，眼后缘有一星月形白斑。颏中央白色。颈下部、上背、肩、尾上覆羽和尾白色，下背、腰及翅上覆羽淡灰色。翅前缘，后缘和初级飞羽白色。第1枚初级飞羽外侧黑色，至近端转白色，内侧灰白色而具灰色羽缘，先端转黑色。第2~4枚初级飞羽外侧白色，内侧灰白色，具黑色端斑，其余飞羽灰色，具白色先端。嘴暗红色，先端黑色。冬羽：头白色，头顶、后头沾灰，眼前缘及耳区具灰黑色斑，嘴和脚鲜红色，嘴先端稍暗。深巧克力褐色的头罩延伸至顶后，翼前缘白色，翼尖的黑色并不长，翼尖无或微具白色点斑。第一冬鸟尾近尖端处具黑色横带，翼后缘黑色，体羽杂褐色斑。其数量大，喜集群，在世界的许多沿海港口、湖泊都可看到。一般生活在江河、湖泊、水库、海湾。繁殖于中国西北部的天山西部地区及东北部的湿地。在中国东部及北纬32°以南所有湖泊、河流及沿海地带越冬。主食是鱼、虾、昆虫、水生植物和人类丢弃的食物残渣。

识别特征：嘴和脚皆呈红色，身体大部分的羽毛是白色，尾羽黑色。脚和趾赤红色，冬时转为橙黄色；爪黑色。

普通燕鸥 *Sterna hirundo*

鸥行目、鸥科、燕鸥属的一种迁徙夏候鸟。体型略小，约35 cm。夏羽：从前额经眼至后枕及后颈上部的整个头顶黑色，背、肩和翅上覆羽灰色；下颈、腰、尾上覆羽和尾羽白色；外侧尾羽延长，外翈黑色。嘴基、眼以下的颊部、颈侧白色；第1枚初级飞羽外翈黑色，其余各枚暗灰色，羽轴白色，外翈羽缘沾银灰色，内翈具宽阔的白缘，成楔形白斑，各羽白斑由外向内渐次变小；次级飞羽灰色，内翈羽缘白色。颏、喉和下体白色，胸腹葡萄灰色，沾有褐色。冬羽：前额白色，头顶前部白色，向后显现黑色纵斑。余羽与夏羽相似。幼鸟：和成鸟冬羽相似，但翅和上体各羽具白色羽缘和黑色次端斑，肩羽灰黑暗色较深。虹膜暗褐色，嘴纯黑色，脚乌褐色。常呈小群活动，栖息于湖泊、河流、水塘和沼泽地带，频繁地飞翔于水域和沼泽上空，以小鱼、虾等小型动物为食。主要分布于欧洲、亚洲和北美洲，中国则分布于河北、湖北、陕西、福建等省区。保护等级为无危。

识别特征：头顶部黑色，背、肩和翅上覆羽鼠灰色或蓝灰色。颈、腰、尾上覆羽和尾白色。外侧尾羽延长，外侧黑色。下体白色，胸、腹沾为葡萄灰褐色。初级飞羽暗灰色，外侧羽缘沾为银灰黑色。尾呈深叉状。

灰斑鸠 *Streptopelia decaocto*

鸽形目、鸠鸽科、斑鸠属鸟类。额和头顶前部灰色，向后逐渐转为浅粉红灰色。后颈基处有一道半月形黑色领环，其前后缘均为灰白色或白色，使黑色领环衬托得更为醒目。背、腰、两肩和翅上小覆羽均为淡葡萄色，其余翅上覆羽淡灰色或蓝灰色，飞羽黑褐色，内侧初级飞羽沾灰。尾上覆羽也为淡葡萄灰褐色，较长的数枚尾上覆羽沾灰，中央尾羽葡萄灰褐色，外侧尾羽灰白色或白色，而羽基黑色。颏、喉白色，其余下体淡粉红灰色，尾下覆羽和两胁蓝灰色，翼下覆羽白色。虹膜红色，眼睑也为红色，眼周裸露皮肤白色或浅灰色，嘴近黑色，脚和趾暗粉红色，爪黑色。栖息于平原、山麓和低山丘陵地带树林中，也常出现于农田、耕地、果园、灌丛、城镇和村屯附近。群居物种，多呈小群或与其他斑鸠混群活动。以各种植物果实与种子为食。也吃草籽、农作物谷粒和昆虫。繁殖期4—8月。主要分布于欧洲南部、亚洲的温带、亚热带地区及非洲北部；中国除新疆北部、东北北部、台湾等地外几乎均有分布。

识别特征：全身灰褐色，翅膀上有蓝灰色斑块，尾羽尖端为白色，颈后有黑色颈环，环外有白色羽毛围绕。虹膜红色，眼睑也为红色，眼周裸露皮肤白色或浅灰色，嘴近黑色，脚和趾暗粉红色。

戴胜 *Upupa epops*

犀鸟目、戴胜科、戴胜属鸟类，共有8个亚种，依不同亚种体长26~28 cm。头、颈、胸淡棕栗色。羽冠色略深且各羽具黑端，在后面的羽黑端前更具白斑。胸部还沾淡葡萄酒色；上背和翼上小覆羽转为棕褐色；下背和肩羽黑褐色而杂以棕白色的羽端和羽缘；上、下背间有黑色、棕白色、黑褐色三道带斑及一道不完整的白色带斑，并连成的宽带向两侧围绕至翼弯下方；腰白色；尾上覆羽基部白色，端部黑色，部分羽端缘为白色；尾羽黑色，各羽中部向两侧至近端部有一白斑相连成一弧形横带。翼外侧黑色、向内转为黑褐色，中、大覆羽具棕白色近端横斑，初级飞羽（除第1枚外）近端处有一列白色横斑，次级飞羽有4列白色横斑，三级飞羽杂以棕白色斜纹和羽缘。腹及两胁由淡葡萄棕转为白色，并杂有褐色纵纹，至尾下覆羽全为白色。虹膜褐至红褐色；嘴黑色，基部呈淡铅紫色；脚铅黑色。幼鸟上体色较苍淡、下体呈褐色。栖息于山地、平原、森林、林缘、路边、河谷、农田、草地、村屯和果园等开阔地方，尤其以林缘耕地生境较为常见。以虫类为食，在树上的洞内做窝。性活泼，喜开阔潮湿地面，长长的嘴在地面翻动寻找食物。有警情时冠羽立起，起飞后松懈下来。主要分布在欧洲、亚洲和北非地区，在中国有广泛分布。戴胜是以色列国鸟。

识别特征：头顶羽冠长而阔，呈扇形。颜色为棕红色或沙粉红色，具黑色端斑和白色次端斑，虹膜暗褐色。嘴细长而向下弯曲，黑色，基部淡肉色，脚和趾铅色或褐色。

凤头百灵 *Galerida cristata*

雀形目、百灵科、凤头百灵属的一种小型鸣禽，体长 17~18 cm，共有 37 个亚种。是一种体型略大的具褐色纵纹的百灵，具羽冠，冠羽长而窄。上体包括翅覆羽沙褐色，各羽具黑褐色轴纹，于头顶的形细，近似黑色，后头有一簇由数枚细长羽组成的黑色冠羽；眼先褐黑，眉纹，眼下方及耳羽缀棕白，后者并杂有灰褐色；飞羽浅褐、外缘以棕色；中央尾羽与飞羽同，微具浅色羽缘，其余尾羽褐黑，但外侧第二对的外䎎具宽的淡棕色羽缘，至最外侧者几纯为此色；下体棕白，喉侧和胸部密布黑褐色条斑；翼下覆羽棕白色。雌雄相似。幼鸟：上体灰浅褐色，概具白端及暗褐色次端斑；头部羽毛亦同，但要密集得多；飞羽浅褐，外侧大多具白缘，初级飞羽缘棕白；下体羽绒状，喉侧和胸部具褐斑，成不明显的条斑状。虹膜暗褐色或砂褐色；嘴浅角色；脚肉色。栖于干燥平原、旷野、半荒漠、沙漠边缘、农耕地及弃耕地。主要以草籽、嫩芽、浆果等为食，也捕食昆虫，如甲虫、蚱蜢、蝗虫等。分布于欧洲至中东、非洲、中亚、蒙古国、朝鲜及中国。

识别特征：上体羽色呈沙褐色，具黑褐色轴纹，后头有一簇数枚细长并几呈黑色羽毛所构成的羽冠。

荒漠伯劳 *Lanius isabellinus*

雀形目、伯劳科、伯劳属的鸟类。雄性成鸟繁殖期上体灰沙褐色；嘴基至前额淡沙褐色，头顶至上背灰沙褐色，下背至尾上覆羽染以锈色。颏、喉乳白色；胸、胁、腹羽污白杂以淡沙褐色，在新羽标本染以粉棕褐色；尾下覆羽乳黄。雌性成鸟：羽色似雄鸟但眼先斑为褐色并杂有淡黄色羽，微有少数黑羽；过眼纹及耳羽均为褐色；初级飞羽基部的白色翅斑不发育，有的只限于内䎎，有的内、外䎎均不具白色；胸、胁部染以污黄色，在颈侧及胸部隐约可见细微的褐色鳞斑。虹膜褐色；嘴在成鸟为黑色，幼鸟角褐至黑褐色；脚黑。为荒漠地区疏林地带及绿洲、村落附近的常见种，多栖息在枝头或电线上注视地面昆虫，冲下啄食之后又回到原来的栖息地点。分布于欧洲、亚洲中部和西部、非洲以及中国大陆的黑龙江、内蒙古、甘肃、宁夏、青海、新疆等地。该物种的模式产地在瑞典。荒漠伯劳大多具有翅斑，最外侧尾羽较长（距中央尾羽末端为 8~14 cm），多栖息于干旱疏林地区，繁殖、换羽及迁飞期与红尾伯劳有显著的时间差异，而且在中东及非洲越冬；而红尾伯劳不具翅斑，最外侧尾羽较短（距中央尾羽末端为 19~25 cm），繁殖于东亚的温湿地带，在南亚等地越冬。

识别特征：形态似红尾伯劳但具有白色翅斑，尾羽橙棕色（锈红色）至棕褐色。

白尾地鸦 *Podoces biddulphi*

雀形目、鸦科、地鸦属的一种体形较小的鸟类。雌雄羽色相似，全身羽毛主要为乳褐色，头顶至枕黑色具紫蓝色金属光泽。枕部羽毛延长，形成一个阔而短的羽冠披于枕部，在淡色的头上极为醒目。眼先、眼周、头侧和颈侧乳皮黄色，翅上大覆羽黑色具紫蓝色金属光泽，最外侧羽缘白色。初级飞羽中部白色，基部和端部黑色，越往内黑色端部越缩小，而白色范围越大，到最内侧初级飞羽全部白色，在翅上形成大型白色端斑。次级飞羽和三级飞羽黑色具紫色光泽和白色尖端。最内侧三级飞羽不仅尖端白色，内翈白色。中央尾羽乳皮黄色具黑色中央纹，其余尾羽白色具黑色羽干纹。颊黑色具乳皮黄色羽缘，颏、喉亦为黑色具较宽的乳皮黄色羽缘。虹膜褐色，嘴、脚黑色。栖息于山脚干旱平原和荒漠地区，尤以植被稀疏的沙质荒漠地区较常见。主要分布在新疆的南疆地区、塔里木盆地及其周围的拜城、阿克苏、巴楚、莎车、和田、策勒、尉犁、若羌、且末（留鸟）。是杂食性鸟类，也是中国新疆唯一的特有鸟类。主要在地面的荒漠间奔跑、活动和觅食。常单独或成对活动，除危急情况，一般很少飞翔。

识别特征：体较小，是鸦科中最小的一类。头顶呈发金属蓝辉的黑色，上体沙褐，尾白，下体乳黄。嘴较长，稍曲。

小嘴乌鸦 *Corvus corone*

雀形目、鸦科、鸦属的一种鸟类，外形与大嘴乌鸦相似，体长45~53 cm。雌雄羽色相似，额头特别突出。全身羽毛黑色，通体黑色具紫蓝色金属光泽，头顶羽毛窄而尖，喉部羽毛呈披针形，下体羽色较上体稍淡。除头顶、枕、后颈和颈侧光泽较弱外，其他包括背、肩、腰、翼上覆羽和内侧飞羽在内的上体均具紫蓝色金属光泽。初级覆羽、初级飞羽和尾羽具暗蓝绿色光泽。飞羽和尾羽具蓝绿色金属光泽。下体乌黑色或黑褐色。喉部羽毛呈披针形，具有强烈的绿蓝色或暗蓝色金属光泽。其余下体黑色具紫蓝色或蓝绿色光泽，但明显较上体弱。喙粗且厚，上喙前缘与前额几成直角。虹膜黑褐色，嘴、脚黑色。属于杂食性鸟类，以腐尸、垃圾等杂物为食亦取食植物的种子和果实，是自然界的清洁工。广泛分布于亚欧大陆，从欧洲西部到俄罗斯的堪察加半岛之间的广大地区，向南一直到非洲北部的地中海沿岸、南亚次大陆、日本列岛和中国。在中国主要为留鸟，亦有部分迁来中国越冬的冬候鸟。

识别特征：嘴较大嘴乌鸦的纤细一些，全身黑色，黑色带有紫色光泽。后颈的毛羽，羽瓣较明显，呈现比较结实的羽毛构造，羽干明显并发亮。

黑胸麻雀 *Passer hispaniolensis*

雀形目、文鸟科、麻雀属的一种中等体型的粗壮麻雀。雄性成鸟（夏羽）：头顶中央黑色，两侧沙棕色；背、肩及腰部亦呈沙棕色，背部具稀疏的黑色纵纹；尾、翅羽淡黑褐，均具淡棕或沙棕色羽缘，内侧飞羽外翈羽缘尤为宽阔，翅上更具一宽一狭的二道白色横斑，翼弯处为黑色；眼先、颏、喉等概黑色；颊、喉侧及下体余部白色，体侧微沾淡沙棕色。雄性成鸟（秋羽）：头顶的黑色羽毛具宽阔的沙棕色羽缘，使黑色被间隔成斑点状。雌性成鸟：翅羽及尾羽褐或淡褐色，其羽缘与上体其余部分为沙棕色，背具或多或少的褐色纵纹；翅具有与雄鸟一样的横斑；有一宽阔的淡红褐色眉纹；颏至胸及体侧沙棕色，喉具一稍暗色的块斑；腹部更淡而近白色。幼鸟：酷似雌鸟。喉部无块斑；眉纹特显著。虹膜褐色；嘴：雄鸟黑色，秋天转褐，雌鸟为黄褐色；脚肉黄色。幼鸟虹膜深灰，嘴灰色，基部黄绿；脚苍白色。常群聚于荒漠红柳及胡杨树间，也见于沼泽地，一般成对或 3~5 只的小群活动。多活动于海拔 1 050~1 600 m 的村旁、活跃在白杨树及榆树上，也见于水边的柳树上。分布于非洲向东到西欧、西亚、西南亚以及中国大陆的新疆等地。

识别特征：雄鸟头顶中央黑色；项侧淡茶褐色；背沙棕色，具少量的黑色条纹；雌鸟似雄鸟，但较苍淡和较暗。

树麻雀 *Passer montanus*

雀形目、雀科、麻雀属的小型鸟类，体长 13~15 cm。雄性成鸟：额至后颈暗栗褐色；背与肩棕褐，杂以黑褐色纵纹；腰和尾上覆羽砂褐色；两翅黑褐，羽缘棕褐；初级飞羽的外（甲+羽）有 2 道明显的棕褐色横斑；尾暗褐色，羽缘砂褐；眼先、耳羽、颏和喉的中部等均黑色；颊和喉侧白色；胸和腹亦白，但微沾砂灰色；两胁、尾下覆羽和覆腿羽为淡黄褐色。雌性成鸟：羽色与雄鸟相似。幼鸟：羽色较成鸟苍淡；头顶中部为砂褐色；两胁和后颈红褐；背羽黑纹不明显；翅羽白斑沾棕，且不显；眼先及颊、喉暗灰近黑；头侧与喉均灰白；耳羽后部微具黑斑；胸灰、后部沾棕；腹污白；两胁与尾下覆羽渲染灰棕色。虹膜暗红褐色；嘴黑；跗蹠和趾污黄褐色。食性较杂，主要以谷粒、草子、种子、果实等植物性食物为食，繁殖期间也吃大量昆虫，特别是雏鸟，几全以昆虫和昆虫幼虫为食。一般均为地方性留鸟，在当地繁殖。广泛分布于欧亚大陆，遍及我国各省区。

识别特征：雄鸟从额至后颈纯肝褐色；上体砂棕褐色，具黑色条纹；翅上有两道显著的近白色横斑纹；颏和喉黑；雌鸟似雄体，但色彩较淡或暗，额和颊羽具暗色先端，嘴基带黄色。

巨嘴沙雀 *Rhodopechys obsoleta*

雀形目、燕雀科、沙雀属的鸟类。两翼粉红，嘴亮黑，翼及尾羽黑而带白色及粉红色羽缘，具厚大的黄嘴，两翼及眼周绯红。雄鸟头顶黑褐，背褐有黑色纵纹，腰褐而沾粉红；眼周绯红，颊褐，眉纹。雌鸟似雄鸟但色暗且绯红色较少，雌鸟和雄鸟相似，但上体更多皮黄色而少赭色，羽色较暗淡，翅上粉红色斑不显著，雄鸟眼先黑色而雌鸟眼先无黑色。幼鸟和雌鸟相似。虹膜暗褐色，雄鸟嘴黑色、雌鸟暗褐色，脚暗褐色或黑色。与所有相似种类的区别在于体羽纯沙色且嘴黑。与其他沙雀的区别在于色较深，体羽多杂斑，顶冠色深且嘴较厚。嘴黑色，脚深褐色。栖于半干旱的有稀疏矮丛的地带。不喜干燥多石或多沙的荒漠。也见于花园及耕地。多栖息于地面、常生活于平原、旷野、果园和溪旁的地上以及或高原、山麓、山谷等的柳丛、灌丛、小树和人工林中。留鸟，但冬季常进行大范围游荡。除繁殖期间成对活动外，其他季节多成群。飞行迅速而有起伏。分布于俄罗斯、伊朗、阿富汗、伊拉克、蒙古国、印度以及中国新疆、青海、甘肃、内蒙古等地。

识别特征：体羽主为淡沙褐色；眼先黑；飞羽羽基和覆羽粉色，初级飞羽和外侧尾羽具白缘；雌鸟似雄鸟，但无黑色眼先。

白鹡鸰 *Motacilla alba*

雀形目、鹡鸰科、鹡鸰属的小型鸣禽，全长约 18 cm，翼展 31 cm，体重23 g，寿命 10 年。体羽为黑白二色，额头顶前部和脸白色，头顶后部、枕和后颈黑色。背、肩黑色或灰色，飞羽黑色。翅上小覆羽灰色或黑色，中覆羽、大覆羽白色或尖端白色，在翅上形成明显的白色翅斑。尾长而窄，尾羽黑色，最外两对尾羽主要为白色。颏、喉白色或黑色，胸黑色，其余下体白色。虹膜黑褐色，嘴和跗蹠黑色。栖于村落、河流、小溪、水塘等附近，在离水较近的耕地、草场等均可见到。经常成对活动或结小群活动。以昆虫为食。觅食时地上行走，或在空中捕食昆虫。飞行时呈波浪式前进，停息时尾部不停上下摆动。主要分布在欧亚大陆的大部分地区和非洲北部的阿拉伯地区，在中国有广泛分布，中北部广大地区的夏候鸟，华南地区为留鸟，在海南越冬。

识别特征：体羽为黑白二色，额头顶前部和脸白色，头顶后部、枕和后颈黑色。背、肩黑色或灰色，飞羽黑色。

五、常见哺乳类

塔里木兔 *Lepus yarkandensis*

兔形目、兔科、兔属，体形较小，毛色较浅，体长为 29~43 cm，尾长 6~11 cm，体重 1.2~1.6 kg。利用长耳壳可接收到较远距离的微弱音响，及时发现并逃脱天敌。体毛短而直，冬季的毛色非常浅，从头部、背部到尾巴的背面均为浅沙棕色。夏季背部为沙褐色，杂以灰黑色的细斑，体侧为沙黄色，颏、喉及腹部为白色。头部和颜面的颜色与背部相同，两颊较为浅淡，眼周色深，呈深沙褐色。颈部下面有沙黄色的横带。尾巴背面的颜色与背部相同，腹面呈白色。冬季的毛色非常浅，从头部、背部至尾巴的背面均为浅沙棕色。雌兽有 3 对乳头，2对在胸部，1 对在腹部。广泛分布于新疆塔里木盆地及罗布泊地区。

识别特征：耳朵较大，耳尖不呈黑色，是它与雪兔最明显的区别。冬季的毛色非常浅，从头部、背部至尾巴的背面均为浅沙棕色。

麝鼠 *Ondatra zibethicus*

啮齿目、仓鼠科、麝鼠属，个体大，体长 266（220～300）mm，颅全长 62.7（60.2～67.3）mm；体重 707（454～1 100）g，为田鼠亚科个体最大的种类。身体粗硕。头短而粗，嘴钝圆。颈不明显，外观头似乎直接连接到躯干上。耳短，耳孔有耳屏遮盖。由于耳周围的毛长，耳朵几乎完全隐藏在毛中。毛浓密，毛长而细，底毛柔软，既保温，又防水。眼小。尾巴极长，约占体长的2/3。尾侧扁，尾高大于尾宽，但尾基部则为圆柱形。尾无长毛，尾面覆盖着小鳞片。鳞片间有极不明显的短而硬的小毛。毛色似水獭。背毛棕褐或棕黄色。在阳光照射下，有金色的光泽。脊背毛色略深，呈暗棕至栗棕色，个别个体呈深棕色。体侧稍浅。腹毛浅棕灰色，毛基青灰色。四肢棕褐色。胡须基部黑色，须尖棕黄。幼体色深，为灰褐色或青灰色。麝鼠是国内外来入侵物种，目前国内广泛分布，陆地栖居，在水中能游泳和潜水，是半水栖的兽类。多起居在芦苇、香蒲等挺水植物丛生、水流平缓、适于筑窝的江湾、河汊、浅水小湖塘及常年积水，有池塘（俗称"水泡子"）的沼泽甸子中。

识别特征：田鼠亚科中个体最大，体长平均大于 260 mm，颅全长平均大于 60 mm；外貌有明显的水生生活的特化。如尾巴侧扁，尾高大于尾宽；后脚外缘有明显为游泳的穗毛；后脚掌具半蹼。

大耳猬 *Hemiechinus auritus*

猬行目、猬科、大耳猬属的动物。体长约 200 mm，体型较小，耳大、尖、钝圆。头骨眶间区窄，前额"V"形膨胀；人字脊不向上后方突出，故枕髁和枕大孔从背面可见；基枕骨略呈三角形。自耳后至尾基部的体背覆以坚硬的棘刺，长达 35 mm。棘刺为多节环组成，自基部至刺尖依次为暗褐色、白色、暗褐色、白色的节环，少数棘刺全为白色。头顶棘刺不向左右分披，相互连接。体侧及腹部覆以较短软毛。纹灰白色。头橙黄色。耳灰黄色。体侧灰黄色，腹部灰白色。尾短不及 35 mm，浅棕褐色。常栖息于农田、庄园、乱石荒漠等处，为荒漠、半荒漠地带刺猬的典型代表，昼伏夜出、胆小怕光、多疑孤僻，冬眠，以家族群落为单位栖息和繁殖，杂食性，主要以昆虫为主，年产 1 胎，每胎 3～6 仔，分布于亚洲，非洲等地。属于濒危保护物种。在中国主要见于新疆、内蒙古、甘肃、宁夏、青海、陕西、四川等地。

识别特征：大耳猬体型较小，耳大、尖、钝圆，尾短，耳后至尾基部的体背覆以坚硬的棘刺，棘刺自基部至刺尖依次为暗褐色、白色、暗褐色、白色的节环，少数棘刺全为白色。

长耳跳鼠 *euchoreutes naso*

啮齿目、鼠形亚目、跳鼠科、长耳跳鼠属物种，体型小，体重 30～40 g。体型小，耳大而长。尾长几近体长的 2 倍。体背面因地区和亚种不同有淡黄褐色、浅赤褐色或沙灰色等，其余部位多为纯白色；尾背面土黄色，腹面白色；尾末端有长毛形成毛穗，尾穗基部黑色，尖端白色。体长和尾长略短。门牙薄而白。在上腭的每一侧都可以找到一个小的前白齿。雌性额外有 8 个乳房。常栖息于荒漠地区，尤喜沙质荒漠地带，盐生草甸与砾石荒漠。夜间活动，感知渠道有视觉，触觉，听觉和化学物质感知。大体上为杂食性，以植物种子、嫩叶和昆虫为食，经常通过声音来定位它们，然后通过快速跳跃到空中来捕食飞虫。能腾空跳跃 1 m 多高。仅见于中国和蒙古国，在中国主要分布于甘肃、内蒙古、宁夏、青海、新疆。

识别特征：耳大而长；尾长几近体长的 2 倍。体背面有淡黄褐色、浅赤褐色或沙灰色等，其余部位多为纯白色；尾背面土黄色，腹面白色；尾末端有长毛形成尾穗，尾穗基部黑色，尖端白色。

第三篇　动物标本制作

实验一　动物标本制作概论

一、动物标本制作的意义及教学价值

　　动物标本制作是一门古老的艺术，是人们走进自然，靠近自然，认识自然，了解自身生存环境和人文文化发展的一门科学。其中剥制标本制作是再现死亡的鸟类及动物形象的一门工艺，实际上就是利用工艺和材料将死去的鸟类的羽毛进行加工处理后，重新对其进行填充及整形，重塑它们活着时的形态，既让他们栩栩如生，同时又能永久保存。随着环境的恶化，很多物种濒临灭绝，此时珍稀物种的剥制标本制作更具有很大的意义。把自然死亡的濒危鸟类用另一种方式永久地保存下来，为以后的科学研究提供原始资料和依据，并供人们观赏已灭绝的鸟类，警觉世人要保护人类赖以生存的环境和鸟类，做到人与自然和谐共生。

二、动物标本制作常用的器具、材料

（一）常用的仪器工具

1. 电脑：用于存储标本各项数据。

2. 解剖刀：解剖动物时使用，或者专用的兽类剥皮刀。

3. 解剖镊：装填动物标本假体和整理羽毛等，需备有直头、弯头和各种不同长度规格的镊子。

4. 解剖剪：剪除肌肉和剪断骨关节等。普通家用剪刀也适宜。

5. 骨剪：剪断动物的骨骼等。

6. 钢丝钳：切断和弯曲铁丝等。

7. 台虎钳：用于制作标本假体支架等。

8. 卷尺、游标卡尺、软皮尺、卡规：测量动物尺寸等。

9. 天平：称量药品和动物的重量。

10. 平头榔头：敲钉支架及标本台板等。

11. 斧头、木锉和木凿：制作模型和标本支架等。

12. 钻及钻头：用于标本台板和栖息动物的树枝穿孔等。

13. 钢锯、木锯：锯金属丝、树枝及木条等。

14. 丝锥、圆板牙及绞手：攻、绞标本支架螺纹等。

15. 填充器：为一金属棒，其一端呈扁平状，用于填充大型动物。

16. 解剖盘：解剖动物和盛放标本材料等。

17. 标本缸、桶：固定处理骨骼、标本材料等。

18. 电冰柜：冷藏动物。

19. 吹风机：动物标本制作中使用吹风机来对骨骼、羽毛、毛皮、鱼类鳞片及鳍片标本局部进行快速干燥。

20. 喷笔：是一种精密仪器，能制造出十分细致的线条和柔软渐变的效果。多用于鱼类。

21. 耳部剥离器：用于剥兽类耳朵内侧的皮张，还可以用来剥爬行类四肢以及鱼类尾部的皮张。

22. 尾部剥离器：多用于中小型哺乳动物的尾部剥离。

23. 嘴唇修刀：是一种专门为修正动物嘴部细节而使用的制作工具，主要用来将哺乳动物标本的嘴唇皮张塞入开好唇缝的模型中。

24. 鹿鼻工具：是一种使用范围很窄的专用工具。它是由一个树脂滚轮和手柄支架组成的外形类似迷你"滚刷"的工具。

25. 调刀：主要用来调和膏状或泥浆状的材料，比如石材胶与固化剂的混合、原子灰与固化剂的混合、牙科石膏的调和、聚氨酯发泡混合后的搅拌等。

26. 鱼皮剥刀：主要用来进行鱼类皮张的剥离，其锯齿状刀刃能够顺利地将鱼皮干净地与鱼体剥离，且不会损坏鱼皮。

27. 鱼肉刮刀：是一种用来清除鱼类、两栖类、爬行类、哺乳类动物皮张内肌肉、脂肪及结缔组织残留的工具，它通常一面是锯齿状的刀刃，另面是平滑的刀刃。

28. 头灯：是动物标本制作过程中不可或缺的工具。头灯的角度可随意调动，可以在需要的时候对局部光进行调节，可以更好地对动物标本的整体形态进行把控。

（二）材料

1. 铁丝、铜丝、钢筋：制作动物标本支架，需备有各种规格。

2. 填充物：棉花、麻丝、细纸条、锯末、油灰（泥）。

3. 台板：用于生态标本。

4. 义眼：一般的义眼虹膜无色，使用前需根据各种动物虹膜着色。

5. 针、线：针分为直针和弯针两种；线宜用高强度的尼龙线。

6. 苯板、发泡剂：用于假体和模型的制作。

7. 雕塑泥、橡皮泥、超轻黏土：用于标本局部填充。

8. 标签、记录卡：记录动物标本的编号、名称、各部位量度、性别、采集地点和日期。

三、动物标本制作常用的药品

动物剥制标本制作时，必须选用一些化学药品配制出各种不同成分的防腐剂，以对动物的皮肤或骨骼进行防腐处理，使其不致腐败，以达到长期保存的目的。以下是国内制作剥制标本时常用的药品。

1. 三氧化二砷（砒霜，As_2O_3）

为白色无味粉末、具毒性，具防腐功能。如果使用者双手皮肤有创伤时，应避免药品接触伤口，否则会产生剧痛。使用中要严加管理，避免发生中毒事故。一般不宜单独使用，而是需与其他药品混合，配制成防腐剂后再使用。

2. 明矾粉［十二水合硫酸铝钾，$KAl(SO_4)_2 \cdot 12H_2O$］

为无色透明的晶体，有酸味，溶于水。具有硝皮、防腐及吸收皮肤水分的功能，市场售的多为块状的明矾，需研磨成粉末后使用。

3. 樟脑（$C_{10}H_{16}O$）

为白色晶体，具有驱除害虫，防止蛀蚀标本的功能，以及抑制动物标本所产生的异味。

4. 硼酸（H_3BO_3）

为白色片状晶体，稍溶于水，无毒性，可配制成无毒性防腐剂，但防腐效果较差。

5. 苯酚（石炭酸，C_6H_5OH）

为无色晶体，有特殊气味，在空气中能被氧化而变成粉红色，易溶于酒精，有消毒防腐的功能。与酒精配制成防腐液，涂擦在已剥过皮的动物头骨和脚趾上，防止残留的肌肉腐烂变质。

6. 酒精

用作大型动物皮张暂时保存的固定剂。适用于哺乳类，但不适用于鸟类。其浓度一般以 75%~80% 为宜，对于皮肤含水量较高的动物，其浓度需要适当增加。

7. 丙三醇［甘油，$C_3H_5(OH)_3$］

用做滋润皮肤，防止皮肤快速干燥，可使标本制作顺利进行。

8. 氢氧化钠或氢氧化钾

腐蚀剂，用做动物骨骼的处理。

9. 柠檬酸、草酸

动物皮张鞣制，用于动物标本皮张处理。

10. 松香水

稀释清漆等。

11. 清漆、各色油漆及丙烯颜料

用于动物的喙、脚、角、蹄及义眼调色。

12. 各种胶

制作标本时粘连物品。

13. 石膏粉、滑石粉

剥制标本当中用于吸附污物。

四、动物标本制作防腐剂的配制

防腐剂具有防止动物皮毛腐烂和受虫害的作用。由于动物种类繁多，皮肤的性质、厚薄和含水量不完全相同，因此，需要根据动物的各种具体情况，采用适当成分的防腐剂进行防腐处理，防腐剂效果的好坏，关系到标本的保存寿命，必须认真对待。

1. As_2O_3 防腐膏

具有防止皮肤腐烂和虫害侵袭以及保护羽毛不致脱落的功能。主要用于鸟类标本的制作。

配方：As_2O_3 50 g、肥皂 40 g、樟脑 10 g、水 100 mL、甘油少许。

配制：取肥皂切成薄片，加热水浸泡至融化，然后加入 As_2O_3 及研磨成粉末状的樟脑，搅拌溶解后加入甘油，冷却成糊状即可使用。

2. As_2O_3 防腐粉

具有防止皮肤腐烂和虫害侵袭以及保护羽毛不致脱落的功能。主要用于鱼类、两栖类、爬行类和哺乳类。

配方：As_2O_3 20 g、明矾 70 g、樟脑 10 g。

配制：将明矾、樟脑研磨成粉末后，与 As_2O_3 混合均匀。

3. H_3BO_3 防腐粉

具有防腐和保护毛发的作用，效果较 As_2O_3 防腐粉差。但是，由于这种防腐剂无毒性，使用时比较安全，而且配制药品购买容易，特别是在野外工作时，对大、中型哺乳动物皮张临时防腐处理较为适宜，使用范围同 2。

4. 苯酚酒精饱和液

具有杀菌防腐的功能。主要用于鸟类的头骨和脚趾等，可以更好地起到防止残留肌肉腐烂，保护标本的作用。

配方：苯酚、酒精（5%～80%）。

配制：将苯酚 25 g 投入 500 mL 酒精中调匀即可。

实验二 鸟类骨骼标本的制作

一、个体的选择

选择发育正常、健康无病、体型适中的成年个体即可。年龄以 3~5 岁为宜，太小、亚成体一般不选，以免影响标本效果。

二、制作方法和过程

(一) 窒息法和放血法

首先将其处死，处死方法是用拇指和食指捏住鼻孔的两侧，中指抵在喙的下缘，使其无法呼吸而窒息。或用注射器在翼下肱静脉中注入空气，也能使它很快死亡。

也可采用放血法，从口腔中剪断动脉血管放血。放血比不放血要好，一则不致因血污影响剥离肌肉和皮毛，再则骨骼中的骨髓也能清除得更干净，利于骨骼的白度。

(二) 剔除肌肉

鸟类骨骼构造的主要特点是气质骨，骨骼轻而坚固，骨腔内具有充满气体的腔隙，有许多骨骼愈合在一起，可以减轻体重，适应飞翔生活。肢骨和带骨有较大的变化，前肢特化为翼，中轴骨骼和附肢骨骼各关节之间都有韧带相连，所以剔除肌肉时不要把韧带剪断分离。

首先从其腹面中央纵行直线剖开皮肤，并向两侧把全身皮肤剥下。再由龙骨突的两侧用刀割除胸部肌肉，谨防损坏肋骨。先把躯体和四肢等处的肌肉大体除净，然后逐渐把舌、颈项、翅膀、尾椎的肌肉慢慢剔除干净，后把眼眶内骨膜捣碎，用解剖镊伸入颅腔，将脑捣碎挖出，再由寰椎的脊髓腔插入，将脊髓捣烂，用注射器吸水冲洗干净。

最后用电钻把前肢的尺骨、桡骨、后肢骨的胫骨两端，以及鸟喙骨靠近关节的上端各钻一个孔，用注射器吸水后将针头穿入骨髓腔冲出骨髓，如果冲不出，也可以用细钢丝从一端穿入，反复捅洗。

三、腐蚀和脱脂

去除肌肉后的骨骼，放在清水中反复洗去血污。然后把骨骼浸入洗洁精或洗衣粉溶液中，或以3%的 NaOH 溶液软化或溶解附着在骨上的残余物 1~2 天，脱去骨中的胶质和脂肪，碱处理的方式和时间因部位而异。也可将骨骼放于盛有汽油的密闭桶内脱脂（这种适合于小型骨骼处理）。

骨骼腐蚀和脱脂完成后，也需要放在清水中漂洗，并把残余的肌肉除净（暂不要将关节部位的肌肉彻底剔除，可留待漂白后再行处理），腐蚀和脱脂的过程中还要再次处理骨骼中的骨髓，然后置于阳光下暴晒，也能起到增白脱脂的作用。

四、漂白

将已脱脂的骨骼，浸入 0.8% 的 NaOH 中 3~5 天，待骨骼洁白后取出，用清水洗净。此外还可浸在 5% 的 H_2O_2 中进行漂白，浸渍时间 5~7 天，取出后将残留在肋骨上的肌肉细心地全部剔除，并用清水洗去药液。5% 的 H_2O_2 除具漂白作用外，也有部分脱脂作用。漂白时间也因个体和部位而异。

腐蚀与漂白期间需要经常观察，注意药品浓度，以免漂白过度，损坏骨骼关节间的韧带。漂白过程中也可以将双氧水打入骨髓腔，反复处理，增加骨骼的白度。

骨骼漂白完成，清洗干净，然后置于阳光下暴晒，则更为洁白。

五、骨骼标本整形和上架

将已漂白的骨骼用吹风机吹至半干，在腰椎的前端腹面用解剖镊钻一个孔（图 1）。取一段约等于 2 倍体长的 16 号铜丝，将其一端由颈椎插入，并由腰椎下面所钻的孔中穿出。在颈椎的前端约 2 cm 长的铜丝上绕一些棉花，蘸取白胶，插入脑颅中。再将由腰椎下端伸出的铜丝作为支柱，向下弯曲成适当角度，并根

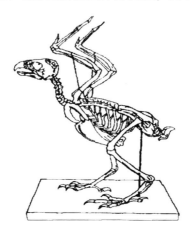

图 1　鸟类骨骼标本

据骨骼高度和膝关节的曲度把下端固定在标本台板的底面。此时可将颈椎和躯体整理成自然姿态，并使后肢保持一定曲度，脚趾爪部可以展开用 502 胶水固定于台板上。

　　然后用细铜丝把鸟体的两前肢掌骨、尺骨、桡骨、肱骨和肩胛骨绞合并连接在胸椎上。也可先把骨骼置于框架中并整理好姿势后，用线缚住，等关节之间的韧带干燥后，再固定到标本台板上。

实验三　鸟类剥制标本的制作

鸟类剥制标本是一种利用鸟的皮张和部分骨骼制成的动物标本。

剥制标本分为两类：假剥制和生态标本。假剥制标本主要用于科研、教学；生态标本则主要用于展览。

一、标本材料选择和处理

剥制标本的材料最好选择成年个体鸟类，其羽毛完整、喙脚齐全、皮肤无损或轻度损伤，可作为标本的制作材料。

如果选作标本的鸟类是活体，需要在剥制前 1~2 h 将其处死，方法一般是用手指掐捏胸部两侧的腋部，压迫它的胸腔，使其无法呼吸而致死。或在翼部内侧肱静脉管中，用注射器注入少量空气，阻断其血液循环，使其立即窒息死亡。待血液凝固后方可进行剥制。否则，剥皮时血液极易流出而沾污羽毛。如果没有洗涤干净，不仅影响标本的美观，且易遭害虫蛀蚀。饲养在笼中的鸟类，其头部和尾羽，极易与笼栅碰撞和摩擦，往往头部受伤，尾羽残缺不全，因此，对活体鸟类须从速处死。

受伤的鸟类，有时其尾羽和翼羽断的，羽毛整片脱落的，甚至主要部位受伤严重的，都不宜用于制作标本。死鸟的躯体，一经陈旧腐败，就不能制作成好的标本，在制作过程中，羽毛往往会逐渐脱落，以至前功尽弃。因此，检验材料是否陈腐是不可忽略的工作。检验方法是用手指稍微用力掀拉面部和腹部的羽毛，如不脱落，并且其他各部位的羽毛完整，趾等无残缺者就可使用。

有的鸟类，常从伤口、泄殖腔或口腔中流出血液或污物而污染羽毛，所以在采得鸟体时需及时用棉花团塞入口腔和泄殖腔中，以防污液外流。倘已沾上血污，可用棉球蘸水洗涤羽毛上的血渍。如果血液已凝固，应先沾水使其润湿后，稍等片刻，再用毛刷洗血污。白色和淡色羽毛上的血污不易洗净时，可用少量的氨水或洗衣粉洗涤。洗净后用干布拭去水分，然后置于解剖盘中，用吹风机吹干。

二、标本测量和记录

鸟类在分类鉴定中主要是根据外部形态特征来确定种名。因此，科研和教学用的标本必须进行测量和记录（图1），否则将失去其科学价值。陈列标本也需进行测量和记录，供制作时参考，测量和记录方法如下。

（一）鸟类的测量方法

体重：全身重量。

全长：自喙端至尾羽端的长度。

翼展长：两翼平伸，两翼端之间的距离。

喙（嘴峰）长：自喙基至喙端的长度。

翼长：自翼角（腕关节）至最长飞羽之先端的直线距离。

口裂长：喙裂基部至喙端的长度。

尾长：自尾基至尾羽末端的长度。

趾长：趾基部至趾端的长度。

跗长：跗跖骨长。

爪长：爪尖至爪末端的直线距离。

头长：喙基至枕骨的长度。

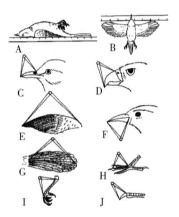

A. 全长；B. 翼展长；C、D. 嘴峰长（除蜡膜）；E. 翼长；

F. 口裂长；G. 尾长；H. 趾长；I. 跗长；J. 爪长

图1　鸟类的测量方法

（二）鸟类标本的记录

鸟类的测量结果要详细记录，除此之外还需记录采集时间、采集地点、采集经纬度、海拔高度、编号、性别，以及虹膜、脚、喙和其他裸出部位的颜色。

三、标本的制作方法

（一）腹剥法

将鸟体腹部向上放于桌上，右手持解剖刀分开胸部中央龙骨突的裸区覆盖的羽毛，由前向后沿着胸部前端至胸部龙骨突中央后缘，用手术刀在皮肤正中剖开一段（图2），至龙骨突前缘，使颈项后端显露为止，再用手术刀柄钝性分离龙骨突两侧的皮肤，使皮肤与肌肉之间的结缔组织充分剥离（图3），逐渐地剥至胸部两侧的翅下。在进行剥离皮肤时，可用棉花蘸一些石膏粉随时撒于皮肤两侧和肌肉上，以防羽毛被血渍所污染。

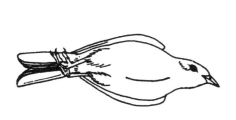 

图2　鸟类的剖口线　　　　　　　　　图3　胸部的剥离

（二）断颈

用左手的拇指与食指压住靠近颈项两侧剖开的皮肤边缘，其余三指将头向上托，使颈项伸出，再以左手拇指、食指把颈项肌肉捏住，或用镊子将颈项夹起，右手则持手术剪在颈项基部剪断（图4），用左手把连在头部的颈项向头部方向拉回。

注意：在剪断颈项前，必须把食道和嗉囊除去，以免食物污染羽毛。

图4　颈部的截断位置

（三）断翅

用手把连接躯体的颈部拿起，将鸟体翻转，使背部朝上，尾部向下，颈项挂在高度适中的金属钩上进行剥皮，然后把头和颈部翻向背上，并压住已剖开的颈部皮肤边缘，使颈背和两肩露出（图5）。继续用手术刀在肩部与肱部附近的皮肤和肌肉之间进行分离。再用剪刀在肱部肩端关节处剪开（图6）。剪时需注意两翅下的皮肤，可用刀柄或手钝性分离分开，以免剪破翅下皮肤。

图 5　肩和背的剥离　　　　　　　　　　图 6　肱部中间剪断

(四) 断腿

继续向背部、腰部方向剥离。当剥至背部时，因为一般鸟类的背部皮肤都比较薄，且背部羽毛的羽轴根大都着生于背部荐骨上，所以不能用力强拉，必须在保持背部皮肤湿润的情况下，用解剖刀紧贴于背部上慢慢分离。

在背部皮肤逐渐分离的时候，腹面也必须相应地向腹部方向剥离，此时腹部与两腿显露，接着将两腿的皮肤剥至胫部与附跖之间的关节处，再用剪刀插入胫部肌肉，使剪刀紧贴于胫骨上，向股部方向挑剔，把附在胫骨上的肌肉割离剔净，并在股骨与胫骨之间关节处将骨剪断，胫部的肌肉则在胫跗关节间剪断剔净。

(五) 断尾

然后再向尾部方向继续剥离，当尾的腹面剥至泄殖孔时，用刀把直肠基部割断，并向后剥至尾基。当尾部背面剥至尾脂腺显露时，须用刀将尾脂腺切除干净。此时用剪刀在尾综骨末端剪断，剪断后的尾部内侧皮肤呈"V"形 (图 7)。

图 7　后肢及尾部的截断位置

由于在剪断尾综骨时，容易剪断尾羽的羽轴根，造成尾羽脱落，所以必须引起注意。

（六）翅和头部的处理

上几个步骤处理完后，进行翼部皮肤的剥离，首先将肱部的皮肤拉出，右手执持肱部，左手将皮肤渐渐剥离，当剥离至尺骨时，因翼部飞羽轴根牢固地着生在尺骨上，所以比较难剥。可用拇指指甲紧贴着飞羽轴根将翼部皮肤刮下，并将皮肤与尺骨分离，否则极易拉破皮肤，甚至使翼羽脱落。当剥至尺骨与腕骨关节之间时，即把桡骨、肱骨和附在尺骨上的肌肉全部清除干净后留下尺骨。

必须注意，如果要制作飞行标本（即两翼张开），就不能用上述方法进行剥离，可按图8从翼下剖开，并除去附在肱骨和尺骨、桡骨的肌肉，尺骨的另一旁不要剔，否则尺骨上的飞羽就会下垂，以致无法使飞羽张开。

图8 翅膀的开口

两翅剥离后，最后进行头部的剥离。头部的剥离以剥至喙的基部为止。右手持颈项，左手以拇指、食指把皮肤渐渐向头部方向剥离，当剥至枕部，两侧出现不明显的呈灰褐色的耳道时，用解剖刀紧靠耳道基部将其割断（图9），或用手指握紧耳道基部将其拉出。

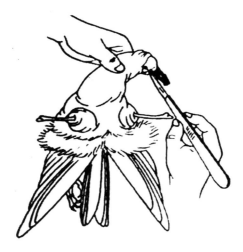

图9 耳道的剥离

继续向前剥去，在头部两侧出现的深色部分，即为眼球，用解剖刀把眼睑边缘的薄膜割开（图10）。然后用镊子将眼球取出，并用剪刀把上下颌及其附近的肌肉剔除干净。在眼眶内侧剪开脑颅腔，然后用镊子夹住脑膜把脑取出，并用一团棉花蘸石膏粉把脑颅腔处理干净。

图 10　眼部的剥离

（七）抽脚腱

在鸟体剥好以后，应将附在皮肤内侧上残余的脂肪和碎肉清除干净，同时把剥皮过程中所用的石膏粉用刷子刷去。

抽脚腱的方法是用刀把脚底皮肤剖开少许，再用圆锥或镊子伸至脚根内，将腱抽出，剪去（图11）。

图 11　脚腱的分离

（八）铁丝支架的制法

用卷尺量取一段适当粗细的铁丝（不同鸟类选不同型号的铁丝），其长度为体长的 1.5 倍（鸟体仰卧时头到尾长度）的两根铁丝，绞前测量鸟的颈和胸的长度，使头尾长度能够得上铁丝长度，按图 12 中 A、B、C 顺序放在台虎钳上绞合紧，做成支架，绞合不要松动。

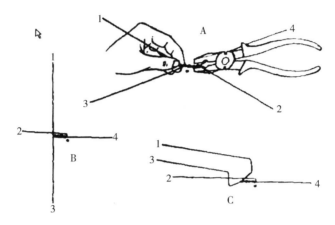

图 12　A、B、C 鸟类支架的制作方法

（九）铁丝支架安装

铁丝支架做成后，在图 12 中 4 上缠绕的棉花略小于颈项（图 12C 也可用插花棒代替，选不同型号粗细的），将相互平等的 1、3 两端，分别从两脚胫骨与附跖骨关节间的后侧，向脚根部方向边旋转边插入，由脚底掌部由抽出脚腱的骨骼中穿出（图 12 中 1、3）。同时将 2 端插入尾部腹面中央，由尾部腹面 "V" 字形当中穿出，以支持尾羽，不至下垂。

尽量将 2 端铁丝向尾部方向后移，使 4 端（4 端在安装时可稍弯曲）能由颈项皮肤中穿至头部脑颅腔中，左手持头部，右手捏住 0 点，并稍用力使 4 端由脑颅腔插入喙尖中（图 13），这样头部就不会摇动，然后用镊子向后轻拉体表颈项

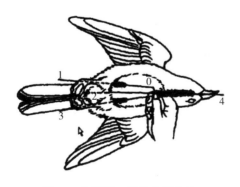

图 13　鸟类脚、尾的支架方法

的皮肤，避免头部皮肤皱褶在脑颅腔中。这时适当调整铁丝支架的位置，使体长和原来测量时长度基本相似。

如果要做展翅飞翔标本，还需从图12支架C图中间再添加一根等于翼展度长的铁丝，绞合在中间支架上，用于标本展翅（图14）。

图14　鸟类翅膀的支架安装

（十）标本的填充

第一步，把装好铁丝支架的鸟皮仰卧于桌上，使头部向上，胸、腹朝上，把所有的皮肤内做好防腐处理。在脑颅腔填入橡皮泥、颈部用棉花或者插花棒（不同粗细的脖颈可选不同型号粗细的插花棒）缠绕、插入，仿出脖颈的形状，然后由脖颈穿入颅腔至喙部，铁丝不动为好，头部铁丝即穿入完毕（图15）。

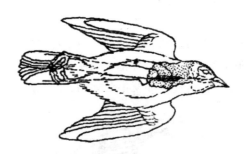

图15　鸟类头、颈部支架的填充

第二步，填充腿部过程中，必须注意把铁丝抽出穿入骨髓腔，由爪底部穿出，然后在铁丝上缠绕上棉花，仿出腿部肌肉的形状，饱满度要合适，以便后面整理成自然姿态（图16）。

两翼的固定，需将尺骨拉出，把它压在支架中间的下面（即0点绞合处的背面），压住尺骨，使其不致松动。然后逐渐向尾都、两腿的外侧和下面以及尾部腹面的中央顺次进行填充。

第三步，在支架下面，也就是身体的背部，用镊子垫一层薄的棉花，顺次由

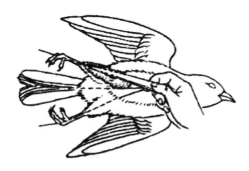

图16　鸟类腿部内侧的填充

尾部、腰背部及其两侧逐渐填充棉花（图17），鸟类腹部、腿两侧也可以填入适当的棉花，以保持腹部和腿两侧的饱满度（图18）。胸部也可以根据胸部大小填充棉花，以此仿出胸部的肌肉（图19），也可直接用苯板或发泡剂制模，这样的模型更逼真，做出来的胸部更饱满，这样可把支架裹在填充物当中，做出的标本不致于使鸟体的背面产生不平整或有铁丝架的痕迹。

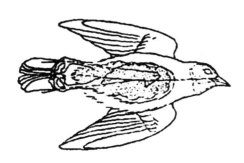

图17　鸟尾、腰、背支架背面的填充

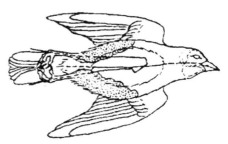

图18　鸟类腹部、腿两侧的填充

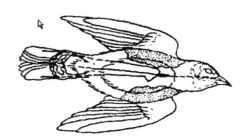

图19　鸟类胸部两侧的填充

　　第四步，在胸、腹部面上填入一薄层棉花，用针线由前向后"之"字形将剖开处加以缝合（图20），针距不宜太密。在缝合过程中，随时保持皮肤的湿润，边缝合边收紧，用手轻紧躯体两侧，迫使剖口合拢，收线时用力要合适，不能用力太大，以免皮肤开裂，最后收紧线打结。

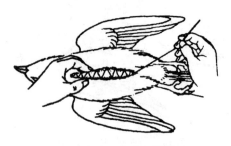

图20　鸟类腿部内侧的填充

鸟类飞行标本也是姿态标本的一种，制作方法稍有不同。这就需要第三根铁丝，用卷尺量出翼展度长度的铁丝，把铁丝砸直，铁丝绞合固定在中间支架上，以支持两翼的重量，使其不致下垂而保持羽轴的平整状态。调整两翼的展开度使其对称，再用细铁丝分别把两翼的肱骨和尺骨连同铁丝紧扎在一起，做好防腐，再分别将两翼部剖口处缝合。

四、剥制标本的上架与整形

标本制作完成后，需要根据前面的标本测量和记录的数据，把标本恢复到原有的基本尺寸，然后根据现有的材料和场景，通过整形，把已经制作好的标本羽毛整理整齐，嵌装好义眼，让标本站在不同材料和场景中，体现标本的生态艺术价值。

鸟类剥制标本的整形工作是最后关键的一个环节，因为标本做得是否生动逼真、活灵活现，和整形工作有着紧密的联系。需要结合鸟类的生活姿态，经常到大自然中观察鸟类的形态特征，或借助于专业的鸟类图谱，作为整理姿态时的借鉴，才能最终把标本做生动、形象、不夸张、不失真。

（一）姿态标本的上架与整形

用尖嘴镊先把鸟的羽毛整理一遍，力求羽毛服帖整齐，头部及眼睑处最为重要，如发现缺少羽毛，应尽可能利用附近的羽毛把它遮盖，并用镊子将眼眶拨成圆形。倘若发现躯体有凸凹或不合适时，可用手略加揿捏加以矫正。标本所需的各种姿态需要结合、根据鸟类的生活习性，各种姿态来处理，或立、或卧、或左、或右、或飞翔、或觅食、或栖水，等等，都需要平时日常观察鸟类的各种习性和大量的鸟类图片来确定姿态。

姿态初步确定并整理好后，取不同形状的标本台板，根据姿态形状要求，在上面量取两脚趾相应的距离位置，用电钻打两个孔，将标本脚下的铁丝由孔中插入，再把铁丝固定在台座底面就行了（现在的标本底座最好选取带脚座的实木雕刻底座，既美观，又漂亮，图21）。标本固定于台板后，需要每天继续整理各部位羽毛，矫正各部位的姿态。鸟体羽毛在干燥过程中，容易被风吹乱，两翅也易松散变形或下垂，可用一薄层脱脂棉或纱布包裹固定标本的躯体，待标本逐渐干燥后取下。

图21　鸟类站立剥制标本

此外，树栖生活的鸟类，应选择不同的树枝或根雕，使其展立在树枝上，不仅能衬托标本的形象，而且能引人入胜。因此应尽量选择有俯有仰、互不交叉、奇特怪状的树枝、根雕等不同的材料。在有条件的地方，可以制作成生态景观，如高山、草甸、森林、平原、荒漠、假山、溪流等背景，使标本场景更形象逼真。

对于鸟类的尾羽，应根据需要使其呈半张或全张开状。为了防止干燥过程中变形，应将尾羽理整齐，并用一根薄纸片，使其一端剖开后呈夹子状，然后将尾用曲别针夹住。

最后，在标签上记录标本的重量、体长，采期、采地和性别等，并将其系在鸟的脚上。

必须注意的是，标本应放在闭阳通风处晾干。待干燥后，将裹在躯体上的棉花、夹尾用的纸片和曲别针等拆除，并刷去羽毛上的灰尘，在喙、脚上喷一层稀清漆，等干燥后，将标本置于标本陈列橱或生态场景中保存。

（二）鸟类飞行标本的上架与整形

基本上与姿态标本相似，不同的有以下几点。

（1）张开的双翅，用两条呈细长条形、宽2 cm的夹状薄纸片将翅膀上下夹住，其端部则用曲别针夹紧，中间用线固定好。不同鸟类的翅膀可制作不同宽度的夹翅片。

（2）义眼的眼球视线，应稍向下方。

（3）飞行标本一般用透明的尼龙线或细铁丝穿入鸟体，悬挂于场景的空中。如果展示将要起飞的标本，可将其展示在树枝上或根雕上。

（4）鸟类标本在干燥过程中，须经常整理羽毛，保持服贴，直至完成。

（5）鸟类两脚向后伸直，或向前缩起。

（三）鸟类研究标本的整形

鸟类研究标本的整形较为简单，其姿态变化不大，多呈仰卧状，主要是把羽毛整理顺势，翅膀收于胸部的两侧，并将眼眶拨圆，使两脚交叉。对于头部具有凤冠的种类或喙长而弯曲的种类，需要将其头部侧面朝上，以显示其凤冠和喙，并便于保存。对于颈长、脚长的种类，为了便于安放，应将其头颈弯向躯体的侧面，附于体侧。其两脚则在胫跗关节处，须把后脚折向腹面上方。然后将羽毛整理顺势，用棉花或纱布裹其躯体，待标本干燥后，拆去脱脂棉或纱布等，保存于标本柜中。

具体的防腐和填充方法，可按照姿态标本的制作方法进行。

参考文献

DB23/T 3227—2022，两栖爬行动物野外调查技术规程 ［S］. 哈尔滨：黑龙江省市场监督管理局.

DB33/T 2516—2022，陆生野生动物红外相机监测技术规程 ［S］. 杭州：浙江省市场监督管理局.

HJ 710. 5—2014，生物多样性观测技术导则 爬行动物 ［S］. 北京：环境保护部.

程红，陈茂生，2005. 动物学实验指导 ［M］. 北京：清华大学出版社.

杜彬，2008. 哺乳动物标本制作 ［M］. 哈尔滨：东北林业大学出版社.

冯典兴，关明军，2020. 常见动植物标本制作 ［M］. 北京：清华大学出版社.

韩蒙燕，2020. 动物标本制作工具 ［M］. 北京：化学工业出版社.

姜乃澄，卢建平，2010. 动物学实验 ［M］. 杭州：浙江大学出版社.

李海云，时磊，2018. 动物学实验 ［M］. 北京：高等教育出版社.

李海云，时磊，2019. 动物学 ［M］. 北京：高等教育出版社.

李红梅，2012. 动物学综合实习方法与实践 ［M］. 昆明：云南大学出版社.

刘凌云，郑光美，2009. 普通动物学 ［M］. 北京：高等教育出版社.

刘凌云，郑光美，2010. 普通动物学实验指导 ［M］. 北京：高等教育出版社.

马雄，2013. 动物学实验指导 ［M］. 兰州：甘肃科技出版社.

孙虎山，2004. 动物学实验教程 ［M］. 北京：科学出版社.

王爱琴，李国忠，2002. 动物学实验指导 ［M］. 南京：东南大学出版社.

王荣林，2007. 动物标本制作彩色图解 ［M］. 北京：中国农业出版社.

席贻龙，2008. 无脊椎动物学野外实习指导 ［M］. 合肥：安徽人民出版社.

肖方，林峻，李迪强，等，2014. 野生动植物标本制作 ［M］. 2 版. 北京：科学出版社.

许崇任，2008. 动物生物学 ［M］. 北京：高等教育出版社.

张昌盛，2018. 动物剥制标本制作理论与实务 ［M］. 北京：中国农业出版社.

张润锋，侯建军，2011. 动物学实验 ［M］. 武汉：华中科技大学出版社.

张树林，张达娟，2017. 水生生物学实践训练 ［M］. 北京：中国农业出版社.

张训蒲，2015. 普通动物学 ［M］. 北京：中国农业出版社.

赵文，2010. 中国盐湖生态学 ［M］. 北京：科学出版社.

郑清梅，2017. 生物资源与利用丛书 动物学野外实习指导 ［M］. 广州：暨南大学出版社.

附 图

一、塔里木盆地常见水生动物

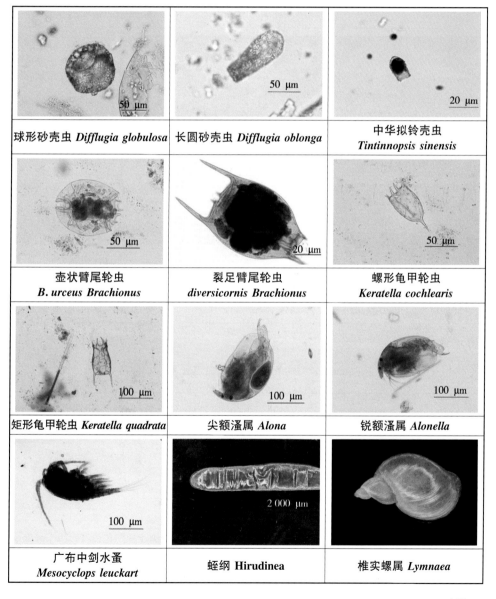

球形砂壳虫 *Difflugia globulosa*	长圆砂壳虫 *Difflugia oblonga*	中华拟铃壳虫 *Tintinnopsis sinensis*
壶状臂尾轮虫 *B. urceus Brachionus*	裂足臂尾轮虫 *diversicornis Brachionus*	螺形龟甲轮虫 *Keratella cochlearis*
矩形龟甲轮虫 *Keratella quadrata*	尖额溞属 *Alona*	锐额溞属 *Alonella*
广布中剑水蚤 *Mesocyclops leuckart*	蛭纲 *Hirudinea*	椎实螺属 *Lymnaea*

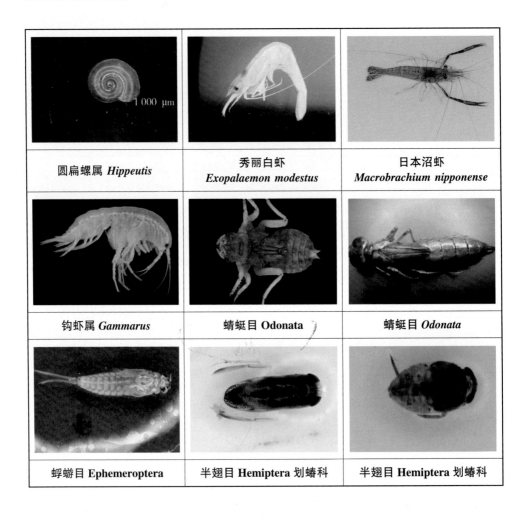

圆扁螺属 *Hippeutis*	秀丽白虾 *Exopalaemon modestus*	日本沼虾 *Macrobrachium nipponense*
钩虾属 *Gammarus*	蜻蜓目 Odonata	蜻蜓目 *Odonata*
蜉蝣目 Ephemeroptera	半翅目 Hemiptera 划蝽科	半翅目 Hemiptera 划蝽科

二、塔里木盆地常见陆生动物

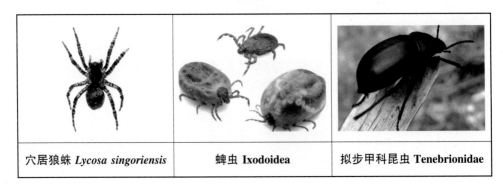

| 穴居狼蛛 *Lycosa singoriensis* | 蜱虫 Ixodoidea | 拟步甲科昆虫 Tenebrionidae |

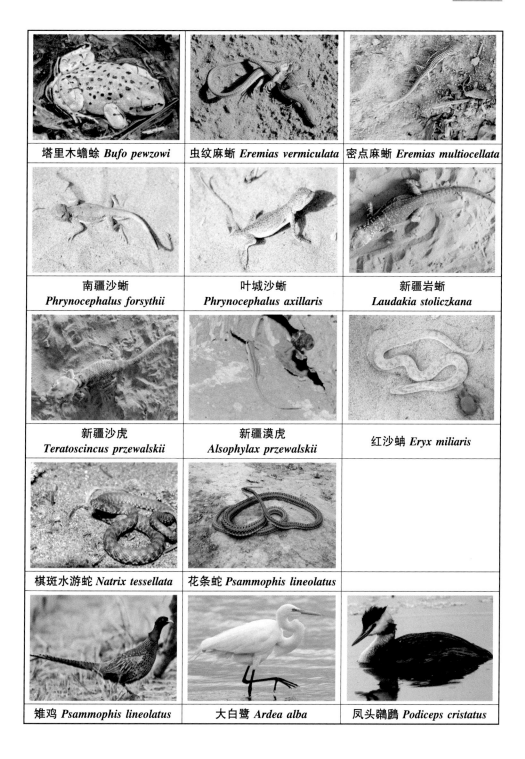

塔里木蟾蜍 *Bufo pewzowi*	虫纹麻蜥 *Eremias vermiculata*	密点麻蜥 *Eremias multiocellata*
南疆沙蜥 *Phrynocephalus forsythii*	叶城沙蜥 *Phrynocephalus axillaris*	新疆岩蜥 *Laudakia stoliczkana*
新疆沙虎 *Teratoscincus przewalskii*	新疆漠虎 *Alsophylax przewalskii*	红沙蚺 *Eryx miliaris*
棋斑水游蛇 *Natrix tessellata*	花条蛇 *Psammophis lineolatus*	
雉鸡 *Psammophis lineolatus*	大白鹭 *Ardea alba*	凤头䴙䴘 *Podiceps cristatus*

普通鸬鹚 *Phalacrocorax carbo*	苍鹭 *Ardea cinerea*	赤麻鸭 *Tadorna ferruginea*
绿头鸭 *Anas platyrhynchos*	游隼 *Falco peregrinus*	白骨顶 *Fulica atra*
黑水鸡 *Gallinula chloropus*	黑翅长脚鹬 *Himantopus himantopus*	环颈鸻 *Charadrius alexandrinus*
红脚鹬 *Tringa totanus*	渔鸥 *Larus ichthyaetus*	红嘴鸥 *Larus ridibundus*
普通燕鸥 *Sterna hirundo*	灰斑鸠 *Streptopelia decaocto*	戴胜 *Upupa epops*

凤头百灵 *Galerida cristata*	荒漠伯劳 *Lanius isabellinus*	白尾地鸦 *Podoces biddulphi*
小嘴乌鸦 *Corvus corone*	黑胸麻雀 *Passer hispaniolensis*	树麻雀 *Passer montanus*
巨嘴沙雀 *Rhodopechys obsoleta*	白鹡鸰 *Motacilla alba*	长耳跳鼠 *euchoreutes naso*
塔里木兔 *Lepus yarkandensis*	麝鼠 *Ondatra zibethicus*	大耳猬 *Hemiechinus auritus*

三、家鸡剥制标本制作流程

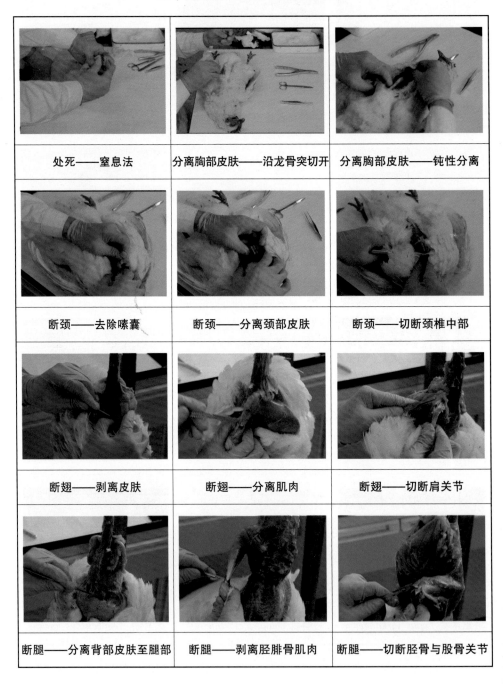

处死——窒息法	分离胸部皮肤——沿龙骨突切开	分离胸部皮肤——钝性分离
断颈——去除嗉囊	断颈——分离颈部皮肤	断颈——切断颈椎中部
断翅——剥离皮肤	断翅——分离肌肉	断翅——切断肩关节
断腿——分离背部皮肤至腿部	断腿——剥离胫腓骨肌肉	断腿——切断胫骨与股骨关节

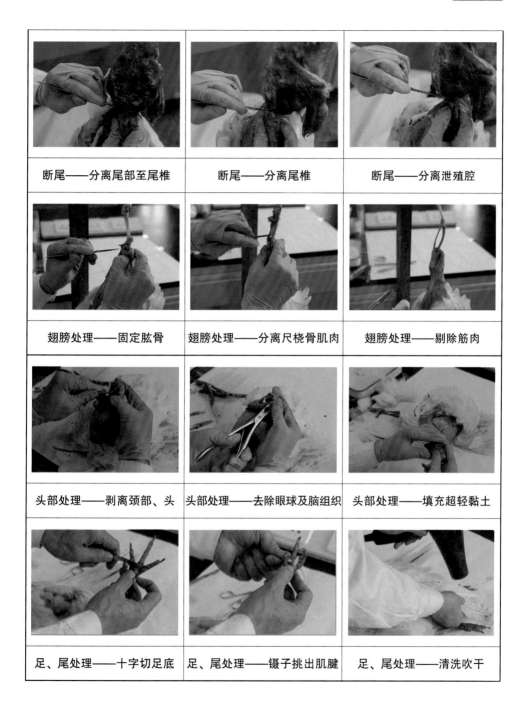

断尾——分离尾部至尾椎	断尾——分离尾椎	断尾——分离泄殖腔
翅膀处理——固定肱骨	翅膀处理——分离尺桡骨肌肉	翅膀处理——剔除筋肉
头部处理——剥离颈部、头	头部处理——去除眼球及脑组织	头部处理——填充超轻黏土
足、尾处理——十字切足底	足、尾处理——镊子挑出肌腱	足、尾处理——清洗吹干

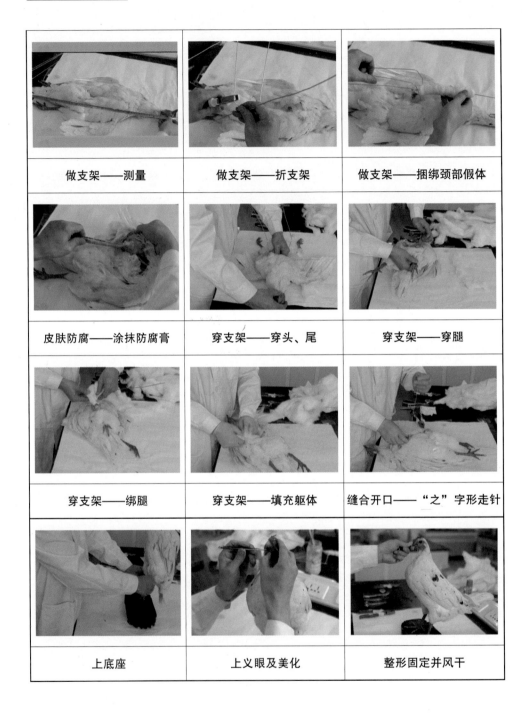

做支架——测量	做支架——折支架	做支架——捆绑颈部假体
皮肤防腐——涂抹防腐膏	穿支架——穿头、尾	穿支架——穿腿
穿支架——绑腿	穿支架——填充躯体	缝合开口——"之"字形走针
上底座	上义眼及美化	整形固定并风干